FORSCHUNGS-INSTITUT FÜR
GESCHICHTE DER NATURWISSENSCHAFTEN
IN BERLIN

# DRITTER JAHRESBERICHT

MIT EINER WISSENSCHAFTLICHEN BEILAGE

## DER ZUSAMMENBRUCH DER DSCHĀBIR-LEGENDE

DIE BISHERIGEN VERSUCHE, DAS DSCHĀBIR-PROBLEM ZU LÖSEN
VON JULIUS RUSKA

DSCHĀBIR IBN ḤAJJĀN UND DIE ISMA'ĪLIJJA
VON PAUL KRAUS

1930
SPRINGER-VERLAG BERLIN HEIDELBERG GMBH

ISBN 978-3-662-33633-5 ISBN 978-3-662-34031-8 (eBook)
DOI 10.1007/978-3-662-34031-8

## I. Allgemeines.

Der dritte Jahresbericht des Forschungs-Instituts für Geschichte der Naturwissenschaften ist zugleich der letzte, der in dieser Form erscheint. Das Forschungsinstitut wird in Zukunft als eine Abteilung des durch den preußischen Minister für Wissenschaft, Kunst und Volksbildung, Prof. Dr. C. H. Becker, begründeten Instituts für Geschichte der Medizin und der Naturwissenschaften weitergeführt und den wissenschaftlichen Anstalten, die zugleich den Lehrzwecken der Friedrich-Wilhelms-Universität dienen, eingereiht werden.

Der vorliegende Bericht umfaßt die Zeit von Juni 1929 bis April 1930. Er wird wie früher an Bibliotheken und an Gelehrte, die auf dem Gebiet der Geschichte der Naturwissenschaften tätig sind, kostenfrei versandt. Für andere Bezieher muß der Selbstkostenpreis und das Porto mit 1.50 Mark in Rechnung gestellt werden.

Bis zur Übersiedlung in die neuen Räume, *Universitätsstr. 3b*, die noch im Laufe des Sommers erfolgen soll, bleiben Anschrift und Fernsprechverbindung des Forschungs-Instituts die gleiche wie bisher: *Berlin C 2, Schloß, Portal 19*, Fernsprecher *E 1 Berolina 0013*.

## II. Bibliothek und Sammlungen.

Durch die Begründung des neuen Instituts sind schon im laufenden Jahre reichlichere Mittel für die Beschaffung von Büchern und Handschriftenphotographien flüssig geworden. Ein systematischer Ausbau der Bibliothek und die Anlage von Sammlungen wird erst in Angriff genommen werden können, wenn die Einrichtungen des neuen Instituts fertiggestellt sind.

Herr Dr. P. Kraus führte die Katalogisierung der arabischen Handschriften und Photographien durch, während Frl. H. Krüger den Katalog der Bibliothek verbesserte und weiterführte.

Auch in diesem Jahre sind dem Forschungs-Institut von Behörden und Privaten wertvolle Bücher als Geschenke überwiesen worden. Es darf wohl nochmals darauf hingewiesen werden, daß das Institut für Überweisung von Sonderdrucken wissenschaftsgeschichtlichen Inhalts dankbar wäre.

## III. Tätigkeit des Direktors.

Da die Zeit im Berichtsjahr durch Verwaltungsgeschäfte, Korrespondenz und Kollegarbeit besonders stark in Anspruch genommen war, konnten die bereits im Vorjahre begonnenen Untersuchungen zur *Turba Philosophorum* noch nicht zu Ende geführt werden. Über die Fortschritte der Studien wurde in einem Vortrag vor der vom 5.—9. September 1929 zu Budapest tagenden Versammlung der Deutschen Gesellschaft für Geschichte der Medizin und der Naturwissenschaften, und umfassender am 8. November 1929 auf der 168. Sitzung der Berliner Gesellschaft für Geschichte der Naturwissenschaft, Medizin und Technik berichtet. Ein Auszug aus dem Berliner Vortrag ist unter dem Titel *Die Turba Philosophorum, ein Grundwerk der Alchemie des Mittelalters* im ersten Heft des 6. Jahrgangs (1930) der 'Forschungen und Fortschritte' erschienen.

Der auf dem V. Orientalistentag im August 1928 zu Bonn gehaltene Vortrag über den Stand der Dschābirforschung ist, von Prof. Ralph E. Oesper an der Universität Cincinnati übersetzt und durch Anmerkungen erläutert, im Juli-Augustheft 1929 des 'Journal of Chemical Education' S. 1266ff. unter dem Titel *The History and present Status of the Jaber Problem* veröffentlicht worden. Es ist mir eine angenehme Pflicht, Herrn Prof. Oesper für seine mühevolle Arbeit aufrichtigen Dank zu sagen.

In Band 18, S. 293—299 des 'Islam' (1929) erschien die Abhandlung *Ein dem Chālid ibn Jazīd zugeschriebenes Verzeichnis der Propheten, Philosophen und Frauen, die sich mit Alchemie befaßten*, deren arabische Grundlage ich der freundlichen Vermittlung von Dr. M. Meyerhof in Kairo verdanke.

Für die zum 70. Geburtstag von Georg Sticker in Würzburg durch Geheimrat Karl Sudhoff herausgegebene Festschrift 'Historische Studien und Skizzen zu Natur- und Heilwissenschaft' konnte eine kleine Studie *Die Vision des Arisleus* beigesteuert werden, die mit meinen Arbeiten zur Geschichte der Turba in Zusammenhang steht (a. a. O., S. 22—26).

Das 'Archiv für Geschichte der Mathematik, der Naturwissenschaften und der Technik', Bd. 12, 1930 enthält S. 413 einen Aufsatz „*Die Bernickelgans nach arabischer Überlieferung*".

Der zweite Band des von F. Hübotter und H. Vierordt neu herausgegebenen 'Biographischen Lexikons der hervorragenden Ärzte' enthält S. 313 eine von mir stammende biographische Skizze über Dschābir ibn Ḥajjān. Sie ist durch die in diesem Jahresbericht mitgeteilten neuen Forschungsergebnisse ebenso überholt, wie der in G. Bugges 'Buch der großen Chemiker' S. 18 bis 31 über Dschābir veröffentlichte Aufsatz sinngemäßer Berichtigung bedarf.

In der 'Enzyklopädie des Islam' erschien eine Reihe von Beiträgen zur Geschichte der arabischen Wissenschaft.

## IV. Tätigkeit des Assistenten.

Die Tätigkeit des Assistenten bestand im Sommer und Herbst 1929 in der Fortführung der Übersetzungsarbeit an den Schriften Dschābirs. Nachdem Dr. Kraus die Übersetzung des 'Buchs der Gifte' einer Revision unterzogen hatte, vollendete er im Sommer die Übersetzung der *Muṣaḥḥaḥāt Iflāṭūn* und kleinerer im Besitz des Instituts befindlicher Dschābir-Schriften. Dann wurde das *Kitāb alḫawāṣṣ*, d. i. das 'Buch der spezifischen Eigenschaften', und die von Prof. E. J. Holmyard 1928 veröffentlichte Sammlung von Werken Dschābirs in Angriff genommen.

An eine Verarbeitung des bereitliegenden Stoffes gemeinsam mit dem Unterzeichneten konnte zunächst nicht gedacht werden. Dr. Kraus erhielt daher einen Studienurlaub von 3 Monaten bewilligt, den er dazu benutzte, sich unter der Leitung von Prof. Dr. H. H. Schaeder in Königsberg in eranischer Philologie und islamischer Religionsgeschichte weiterzubilden. Wir glaubten auch darauf rechnen zu dürfen, daß die sachlichen und problemgeschichtlichen Schwierigkeiten, die Dr. Kraus bei dem Studium gewisser Dschābir-Texte entgegengetreten waren, zum Gegenstand einer Aussprache gemacht würden. Als das wichtigste Ergebnis der kritischen Durcharbeitung der nach Königsberg mitgenommenen Texte darf wohl gelten, daß Prof. Schaeder die erste der von Holmyard herausgegebenen Abhandlungen, das *Kitāb albajān*, als ein isma'īlitisches Werk erkannte. Es ist mir ein besonders lebhaft empfundenes Bedürfnis, meinem Dank für die uns zuteil gewordene Förderung an dieser Stelle Ausdruck zu geben.

Nach der Rückkehr von Dr. Kraus beschäftigten wir uns mit den chemischen und technischen Kapiteln aus dem 'Buch der spezifischen Eigenschaften'. Eine von uns gemeinsam verfaßte Mitteilung über chinesische und indische Rezepte aus diesem Buch wird in der Chemiker-Zeitung erscheinen; zwei Arbeiten von Dr. Kraus, eine Analyse des Gesamtwerks und eine Abhandlung über die von Dschābir in die Betrachtung der chemischen Stoffe eingeführten Zahlenverhältnisse, harren noch der letzten Durcharbeitung.

Im Februar hatte Dr. Kraus Gelegenheit, mit Herrn Husain F. Hamdani M. A., einem südarabischen Gelehrten, der sich in Berlin aufhielt, in Verkehr zu treten und seine reichen Handschriftenschätze kennenzulernen. Es zeigte sich, daß die in seinem Besitze befindlichen isma'īlitischen Lehrschriften eine Fülle von unbekannter Literatur zum Dscha'far-Dschābir-Problem enthielten. Damit war der Augenblick gekommen, unter Zurückstellung aller anderen Arbeiten das Rätsel der den Namen Dschābirs tragenden Literatur erneut in Angriff zu nehmen. Herrn Hamdani ist das Forschungsinstitut für die Liberalität, mit der er seine Handschriften zum Studium freigab, zu ganz besonderem Dank verpflichtet. Über die Ergebnisse seiner Untersuchungen berichtet

Dr. Kraus im zweiten Teil unserer wissenschaftlichen Beilage. Ich habe nur hinzuzufügen, daß ich mich selbst, abgesehen von einzelnen Vorbehalten, die für das Gesamtergebnis ohne Belang sind, vollkommen auf den Boden seiner Anschauungen stelle.

## V. Unterstützung wissenschaftlicher Arbeiten.

Schon bei der Gründung des Forschungs-Instituts war der Gedanke ins Auge gefaßt worden, Arbeiten auf dem Gebiete der Geschichte der Naturwissenschaften, deren Drucklegung aus Mangel an Mitteln in Frage gestellt war, durch Zuwendungen zu unterstützen. Das Institut kam zum erstenmal in die Lage, eine solche Zuwendung zu bewilligen, als die für das Buch *Die sieben Klimata und die* πόλεις ἐπίσημοι, *eine Untersuchung zur Geschichte der Geographie und Astrologie im Altertum und Mittelalter* von Bibliotheksrat Dr. Ernst Honigmann von der Notgemeinschaft (Forschungsgemeinschaft) der deutschen Wissenschaft bewilligten Druckzuschüsse nicht ausreichten. Das Buch ist inzwischen im Verlag von C. Winter in Heidelberg erschienen.

## VI. Internationale wissenschaftliche Aufgaben.

Über die dem Unterzeichneten vom Comité International d'Histoire des Sciences übertragenen Aufgaben ist im II. Jahresbericht des Instituts ausführlich berichtet. Weitere Mitteilungen sind vorerst nicht möglich, da die nächste Tagung des Comité International erst nach Herausgabe des vorliegenden Berichts stattfinden wird.

Die von Bibliotheksrat Dr. G. Goldschmidt in Königsberg für den *Catalogue des Manuscrits Alchimiques Grecs* der Union Académique in Angriff genommene Bearbeitung der in Deutschland und Österreich vorhandenen griechischen alchemistischen Handschriften ließ sich, da ihm dazu kein Urlaub bewilligt werden konnte, nur unter Schwierigkeiten durchführen. Die Arbeit ist jetzt so weit vorangeschritten, daß die Handschriften von Breslau, Gotha, München, Leipzig, Wolfenbüttel und Kassel erledigt sind, während weitere Handschriften in Gotha und Wien noch an die Reihe kommen sollen. Es ist zu hoffen, daß mit dem Druck des Katalogs in diesem Jahre begonnen werden kann.

Berlin, im Mai 1930.

Der Direktor des Forschungs-Instituts
Dr. Julius Ruska.

# Der Zusammenbruch der Dschābir-Legende.

# Die bisherigen Versuche, das Dschābirproblem zu lösen.

Von Julius Ruska.

In meinem Vortrag 'Aufgaben der Chemiegeschichte', der dem Zweiten Jahresbericht des Forschungs-Instituts als wissenschaftliche Beilage angeschlossen war, habe ich davon gesprochen, daß auch die Geschichte der Wissenschaften einer fortwährenden Erneuerung bedarf: „Die Geschichte der Wissenschaften wird dauernd von den Quellen abhängig bleiben, die ihr zu irgendeinem Zeitpunkt zur Verfügung stehen; die richtige Einschätzung und Benützung der Quellen aber wird wieder abhängig sein von der Fähigkeit zu historischer Kritik, über die der Geschichtschreiber verfügt. Wie die Wissenschaft selbst, so ist auch die Darstellung ihrer Geschichte ein unendlicher Prozeß, eine Aufgabe, die immer wieder aufs neue angegriffen werden muß"[1].

Haben sich diese Worte zunächst nur auf die großen chemiegeschichtlichen Werke bezogen, die das 19. Jahrhundert hervorbrachte, so gelten sie doch auch für die Gegenwart, und gelten in ganz besonderem Maße für Gebiete, auf denen die Forschung noch in den Anfängen steht, weil die Erschließung der handschriftlichen Quellen erst begonnen hat.

Ein solches Gebiet ist die arabische Alchemie und ihr zentrales Problem: die Aufklärung der Fragen, die sich an die Namen Geber und Dschābir knüpfen. Forschungen der letzten Monate haben hier zu Ergebnissen geführt, die eine völlig neue Wendung und, wie wir hoffen, die endgültige Klärung des verwickelten Problems bedeuten. So scheint der Augenblick gekommen, nicht nur über diese Ergebnisse zu berichten, sondern auch einen Rückblick auf die Geschichte des Problems zu geben.

## I. Schmieder, Kopp, Hoefer.

Ich beginne mit dem, was K. Chr. Schmieder 1832 in seiner *Geschichte der Alchemie* über Geber zu sagen wußte. Schmieder steht auf dem Boden einer jahrhundertalten Überlieferung, wenn er einen Araber mit Namen Geber

[1] Zweiter Jahresbericht, S. 33.

zum Verfasser von fünf durch ihren sachlichen Inhalt ausgezeichneten alchemistischen Abhandlungen macht, die etwa zu Ende des 13. Jahrhunderts bekannt wurden und sich bis auf unsere Zeit des größten Ansehens erfreuten. Die wichtigste und umfangreichste führt den Titel *Summa Perfectionis Magisterii*; sie ist in zahlreichen Handschriften und Drucken erhalten, über die man jetzt E. Darmstaedters deutsche Ausgabe vergleichen kann[1]. Diesem Hauptwerk schließen sich die Abhandlungen *De Investigatione Perfectionis Metallorum, De Inventione Veritatis, De Fornacibus Construendis* und *Testamentum Geberi* an: arabische Handschriften dieser kleineren Werke sollen sich nach Schmieder in Leiden, im Vatikan und in Paris befinden.

Was Schmieder über Gebers Leben berichtet, stammt teils aus Leo Africanus, einer ganz jungen Quelle, teils aus seiner eigenen Phantasie; es ist ein Haufwerk von Unmöglichkeiten. Geber soll ein geborener Grieche gewesen sein, der zum Islam übertrat und zu Sevilla alle Teile der griechisch-arabischen Philosophie lehrte: „Vielleicht gründete er die dortige arabische Hochschule; wenigstens ward er im bildlichen Sinne der Stifter einer philosophischen Schule, deren Anhänger sich bald durch drei Erdteile verbreiteten. Seine Schriften verfaßte er sämtlich in arabischer Sprache, wodurch er vollends die Nation für sich und für die Wissenschaft gewann. Kaum bedurfte man noch der Übersetzungen aus dem Griechischen, welche Almamun im Orient besorgen ließ; denn ein rechtgläubiger Originalschriftsteller machte sie entbehrlich, und zwar in allen Fächern. Dieser Umstand erklärt zur Genüge die ungemeine Hochachtung, welche die Araber ihm widmeten. Sie waren stolz auf ihn, und verschwiegen gern seine Herkunft, von welcher wir gar nichts wissen würden, wäre nicht Leo ein Proselyt und Feind der Alchemie gewesen[2]."

Schmieder kennt auch noch einen zweiten Geber, „welcher Abu Mussa Giabr Ben Hajiam al Sofi, sonst auch Gieberim Ebn Haen und in einer Übersetzung Tusensis Suficus genannt wird.... Vielleicht ist er der leibliche Sohn des Weisen von Sevilla. Nach der Regel würde dann zwar der Name Abu Mussa Ben Giabr lauten müssen; allein es ist möglich, daß er bei Lebzeiten nur Abu Mussa Giabr geheißen habe, wenn er etwa bei dem Übertritte des Vaters zum Islam schon lebte. Den Nachsatz Ben Hajiam al Sofi haben wol erst die Nachkommen hinzugesetzt, damit er nicht mit dem

[1] E. Darmstaedter, *Die Alchemie des Geber*, S. 8—12. Berlin 1922.

[2] Leo Africanus hieß ursprünglich al Hasan ibn Muhammed al Wazzān und war um 1483 zu Granada geboren. Er hatte schon große Reisen von Marokko bis Armenien unternommen und gelehrte Studien betrieben, als er 1517 an der Küste von Tripolis christlichen Seeräubern in die Hände fiel. Diese brachten den Gefangenen nach Rom und machten ihn dem Papst Leo X. zum Geschenk. Er ließ sich zum Christentum bekehren und erhielt nach dem Papst seinen Taufnamen. Man förderte seine Studien und gab ihm Gelegenheit, in Rom und Bologna arabisch zu lehren. Seine bekanntesten Werke sind die Beschreibung Afrikas (1526) und eine Geschichte der arabischen Philosophen. Nach Afrika zurückgekehrt, bekannte er sich wieder zum Islam und starb um 1550 zu Tunis.

Vater verwechselt werde. Es läßt sich nämlich vermuthen, daß in den arabischen Hochschulen, wo der Araber von Griechen belehrt ward, das Arabische mit dem Griechischen vermischt worden sey; und wenn man jenen Nachsatz mit dieser Voraussetzung betrachtet, so dürfte man zwei arabische und zwei griechische Wörter darin finden. Ganz griechisch würden sie lauten: υἱὸς ἁγίου τοῦ σοφοῦ, deutsch: Sohn des allverehrten Weisen. Ebenderselbe Sinn ist dann auch in dem Ebn Haen und dem Tusensis Suficus wiederzufinden, welches Verstümmelungen der Abschreiber und Übersetzer seyn mögen".

Ich kann darauf verzichten, die Irrtümer Schmieders richtig zu stellen, da sich in den nächsten Jahrzehnten durch die Zusammenarbeit von Orientalisten und Chemiehistorikern ihre Beseitigung fast von selbst vollzieht. Nur soviel muß für den mit dem Gegenstand weniger vertrauten Leser gesagt werden, daß die Annahme, Dschābir habe in Sevilla gelehrt, auf einer Verwechslung des Chemikers mit dem Mathematiker und Astronomen Dschābir ibn Aflaḥ aus Sevilla beruht, und daß die vermeintlichen beiden Geber nicht Vater und Sohn, sondern ein und dieselbe Persönlichkeit sind. Der lange Name ist die korrekte, in den arabischen Handschriften gebräuchliche Namensform; Giaber eben Haen, d. i. Dschābir ibn Ḥajjān, findet sich häufig in lateinischen Übersetzungen arabischer Werke, Geber ist die in der spätlateinischen alchemistischen Literatur üblich gewordene Bezeichnung.

Die Überzeugung, daß die *Summa Perfectionis Magisterii* und die übrigen mit ihr zusammen auftretenden Schriften von dem Araber Dschābir ibn Ḥajjān verfaßt seien, teilen auch die auf Schmieder folgenden Chemiehistoriker. So schließt sich besonders H. Kopp in dem 1843 erschienenen ersten Band seiner *Geschichte der Chemie* hinsichtlich des Biographischen und Bibliographischen eng an Schmieder an, gibt aber weiterhin eigene Auszüge aus den lateinischen Schriften Gebers, die „als seine Werke anzuerkennen man volle Ursache hat".

Unabhängig von Schmieder setzt sich F. Hoefer in seiner *Histoire de la Chimie* 1842 mit der Geberfrage auseinander. Er besitzt einige Kenntnisse im Hebräischen und Arabischen, die ihn zu ebenso phantastischen Etymologien verführen, wie sie Schmieder aus dem Griechischen abgeleitet hat. Er fügt den biographischen Nachrichten des Leo Africanus neue Angaben hinzu, indem er nach dem Orientalischen Reinaud mitteilt, daß Geber aus Kufa stammte, daß sein Vater Moussa und sein Sohn Haygan hieß[1], und daß er persönliche Beziehungen zum Imam Dscha'far hatte, der im Jahr 765 gestorben sei. Er gibt bibliographische Notizen, die er den Katalogen der Bibliothèque Nationale verdankt, und kommt auf Grund reichlicher Auszüge aus der *Summa*, dem *Liber Investigationis* und der *Alchimia Geberi* zu dem Schlußurteil: „Geber est pour l'histoire de la chimie ce qu'Hippocrate est pour l'histoire de la médecine."

[1] Die Namen Abū Mūsā und Ibn Ḥajjān bezeichnen in Wahrheit Geber als den Vater des Mūsā und Sohn des Ḥajjān.

Schmieder, Kopp und Hoefer halten also an der Überlieferung fest, daß die lateinischen Geberschriften Werke eines arabischen Alchemisten sind, der im 8. oder 9. Jahrhundert lebte, und bewundern die Leistungen des Arabers, denen das Abendland Ähnliches erst viel später an die Seite stellen konnte. Keiner hat ein Gefühl für die innere Unwahrscheinlichkeit der Überlieferung, keiner denkt daran, Stil und Inhalt der Geberschriften mit unzweifelhaften Übersetzungen aus dem Arabischen zu vergleichen oder gar arabische Originale mit Unterstützung von Orientalisten zum Vergleich heranzuziehen; mit einem Wort, wir befinden uns noch in dem Stadium der naiv-gläubigen Geschichtschreibung, die nirgends nach Beweisen fragt und weder von den Verhältnissen innerhalb der islamischen Welt, noch von dem Umfang der mittelalterlichen Pseudepigraphenliteratur eine Ahnung hat.

## II. Kopp, Berthelot, von Lippmann.

Hätten sich Orientalisten oder Chemiehistoriker in der Mitte des vorigen Jahrhunderts ernstlicher mit der arabischen und lateinischen Alchemie befaßt, so hätten sie mit den damals zugänglichen literarischen Hilfsmitteln eine gute Strecke weiter kommen können. Aber F. Hoefer blieb auch in der 1866 erschienenen zweiten Auflage seiner Chemiegeschichte auf dem Standpunkt von 1842 stehen, und so finden wir erst wieder 1875 bei H. Kopp, im dritten Stück seiner *Beiträge zur Geschichte der Chemie*, einen nennenswerten Fortschritt.

Kopp hat als erster Chemiehistoriker alle damals erreichbaren Nachrichten über das Leben und die Schriften Dschābirs gesammelt und das Glaubhafte vom Unglaubwürdigen zu trennen versucht. Er geht bis auf d'Herbelots *Bibliothèque Orientale* vom Jahr 1776 zurück, der Dschābirs Heimat in Harran sucht, und kennt den Ibn al Qiftī aus Casiris *Bibliotheca arabico-hispana* von 1770. Er benützt den *Fihrist* des Ibn al Nadīm nach der deutschen Übersetzung in J. v. Hammers vielbändiger *Literaturgeschichte der Araber*, den Ibn Khallikān nach der englischen Übersetzung von de Slane, den Hāddschī Chalīfa nach der lateinischen Übersetzung von Flügel, und es entgeht ihm nicht, daß die ältesten arabischen Nachrichten über Dschābirs Lebensumstände viel unbestimmter lauten als die der jüngeren Autoren.

Mit großer Aufmerksamkeit verfolgt Kopp die Angaben, die bei arabischen Bibliographen über die Schriften Dschābirs zu finden sind. Aber er kann weder unter den im *Fihrist* genannten Schriften, noch bei Hāddschī Chalīfa einen Titel feststellen, der zu den im Abendland unter Gebers Namen bekannt gewordenen Schriften in Beziehung steht. Auch um den Nachweis arabischer Dschābir-Handschriften ist er bemüht, und so finden wir bei ihm (a. a. O., S. 26ff.) die erste Zusammenstellung der in Paris, Leiden und London vorhandenen Werke. Direkte Beziehungen zwischen dem Inhalt der arabischen Handschriften und dem der lateinischen Drucke hält er nicht für glaublich, doch ist ihm auch kein Beweis für die Unechtheit der lateinischen Schriften bekannt. Das Urteil des Orientalisten G. Weil, daß sich in der *Summa* keine Spur finde, die darauf schließen lasse, daß das Werk aus dem Arabischen übersetzt sei, schwächt er dahin ab, daß das Werk vielleicht mit etwas mehr Gewandtheit als viele andere und mit Verwischung des sprachlichen Charakters der Urschrift übertragen sein könne. Und schließlich kommt sein Hin- und Herschwanken zwischen allerhand Möglichkeiten auch da wieder zum Vorschein, wo er sagt, daß er glaube, „wenn auch mit einem nach dem Vorhergehenden leicht zu bemessenden Vorbehalt, noch diese Werke als die Gebers bezeichnen und darauf, daß sie aus dem Arabischen übersetzt seien, Bezug nehmen zu dürfen".

Wie viel weiter hätte Kopp die Geschichte der Alchemie fördern können, wenn er sich mit seinem Freunde Weil zur Herausgabe der arabischen Handschriften verbunden hätte! Aber daß man Fragen der arabischen Chemiegeschichte nur durch Eindringen in die Originalquellen lösen könne, scheint damals weder der Chemiker noch der Orientalist klar gesehen zu haben.

Es blieb M. Berthelot vorbehalten, die Verbindung zwischen Chemiegeschichte und Orientalistik herzustellen und, unterstützt von R. Duval und O. Houdas, mit der Herausgabe syrischer und arabischer Quellenschriften den Anfang zu machen. Den ganzen Umfang seiner chemiegeschichtlichen Leistungen zu schildern, ist hier ebensowenig der Ort, als ihre Schwächen zu unterstreichen. Ich muß mich auf die Punkte beschränken, die für die Beantwortung der Frage, ob Dschābir der Verfasser der lateinischen Geberschriften sein könne, Bedeutung haben. Grundlegend wurden hierfür die in Band III von *La Chimie au Moyen Âge* enthaltenen Ausgaben und Übersetzungen der Dschābirtexte der Leidener Handschrift 440 und der Pariser Handschrift 972 anc. fds., die O. Houdas beisteuerte. Wertvoll ist auch die im gleichen Bande enthaltene Übersetzung des von den Chemikern handelnden Teiles des *Fihrist*[1]. Entscheidend war aber Berthelots eigene kritische Behandlung des Dschābir-Geber-Problems, deren Ergebnisse im folgenden zusammengefaßt sind[2].

Ob die arabischen Abhandlungen, die Dschābirs Namen tragen, wirklich von dieser etwas legendären Persönlichkeit herrühren, wird schon vom Verfasser des *Fihrist* in Zweifel gezogen[3]. Wenn einige wirklich so weit hinaufreichen, so sind andere sicherlich von seinen Schülern und von Alchemisten, die sich

[1] Den arabischen Text hatte G. Flügel 1871/72 herausgegeben.

[2] Die Belegstellen aus Band I und III von *La Chimie au Moyen Âge* sind weiterhin mit I und III bezeichnet. Das Werk erschien 1893.

[3] Dies ist nicht richtig; Ibn al Nadīm weist wohl auf die Zweifel anderer hin, setzt sich aber selbst mit Entschiedenheit für die Verfasserschaft Dschābirs ein.

*

später seiner Schule anschlossen, verfaßt oder überarbeitet worden. Manche Bücher, die der *Fihrist* anführt, tragen einen Charakter, der sie den Schriften der Byzantiner des 7. Jahrhunderts annähert, andere gehören offensichtlich späteren Jahrhunderten, ja der Zeit der Kreuzzüge an (III, 17)[1].

Die arabischen Werke des Dschābir sind sowohl nach der Genauigkeit in der Mitteilung von Tatsachen, wie nach der Klarheit der Lehren und dem schriftstellerischen Aufbau unendlich weit von den lateinischen Schriften des Pseudo-Geber entfernt. Dem arabischen Autor fehlt nicht nur jede Kenntnis der neuen und originalen Tatsachen, die diese lateinischen Schriften enthalten, sondern es ist auch nicht möglich, in ihnen nur eine Seite oder einen Abschnitt zu finden, der als Übersetzung aus den arabischen Werken betrachtet werden könnte (III, 23).

Die Darstellungsform der *Summa* ist ganz und gar scholastisch und entspricht etwa der Zeit des Thomas von Aquin (I, 368). Es ist kaum denkbar, daß je ein arabischer Text existiert hätte, von dem dieses Werk die Übersetzung oder Bearbeitung sein könnte. Wenn auch da oder dort Sätze aus arabischen Schriften des Dschābir entlehnt sein können — was aber erst nachgewiesen werden müßte — so sollte man die Verfasserschaft des Ganzen jedenfalls keinem Araber zuschreiben. Wahrscheinlich ist das Buch um die Mitte des 13. Jahrhunderts von einem Unbekannten verfaßt, der es dem Geber zuschrieb, um seiner eigenen Arbeit größere Autorität zu verleihen (I, 349). Es ist zur Grundlage der Alchemie des 14. Jahrhunderts geworden, aber da man es den Arabern zuschrieb, hat man die ganze Geschichte der Chemie verfälscht, denn man hat ihnen Kenntnisse zugeschrieben, die sie nie besessen haben (I, 350).

Man sieht, wie bestimmt Berthelot die These von dem spätmittelalterlichen Ursprung der *Summa* hinstellt, und welche wichtige Rolle dabei die Beurteilung des formalen und sachlichen Unterschiedes der arabischen Schriften spielt. Schließlich sollte auch das letzte Glied der Beweiskette nicht fehlen: Berthelot konnte 1906 noch umfangreiche Bruchstücke einer lateinischen Übersetzung von Dschābirs *Buch der Siebzig* veröffentlichen, die in Sprachform und Inhalt aufs neue den Gegensatz zwischen den arabischen und lateinischen Schriften zu bestätigen schien. So war höchstens noch die Frage zu beantworten, wie weit der Verfasser der Geberschriften direkt oder indirekt aus arabischen Quellen geschöpft hatte — eine Frage allerdings, die nichts Geringeres als die Aufklärung der Quellen und des Entwicklungsganges der lateinischen Alchemie in sich schloß. Daß auch die Schriften des Arabers schwierige Probleme in sich bargen, war Berthelot und seinen Mitarbeitern nicht bewußt geworden.

[1] Dies sind höchst fragwürdige und durch nichts bewiesene Behauptungen; die vom Verfasser des *Fihrist* mitgeteilte Liste kann um 987 keine Werke aus der Zeit der Kreuzzüge enthalten haben.

Ein Vierteljahrhundert verging, bis sich ein Chemiehistoriker wieder mit dem Geberproblem befaßte. Ich brauche kaum zu sagen, daß ich Edm. O. von Lippmann und sein berühmtes Buch *Entstehung und Ausbreitung der Alchemie* im Sinne habe. Es entsprach von Lippmanns ausgeprägtem Gefühl für historische Gerechtigkeit, wenn er nachdrücklich an die Verdienste von Kopp und anderen Vorgängern Berthelots erinnerte. Die Tatsache aber, daß dieser die späte Entstehung der *Summa* mit unwiderleglichen neuen Beweismitteln erhärtet hatte, mußte auch er anerkennen.

Niemand war darauf gefaßt, daß Berthelots und von Lippmanns Beurteilung der Geberfrage noch einmal einer scharfen Kritik unterzogen werden könnte. Die Kritik kam aus England, die Kritiker waren J. R. Partington und E. J. Holmyard. Von dem Angriff Partingtons habe ich nur aus einer Entgegnung von Lippmanns Kenntnis[1], E. J. Holmyards zahlreiche Arbeiten müssen eingehend besprochen werden.

## III. Holmyard 1922—28, Ruska 1923—29.

Schon die ersten Aufsätze Holmyards[2] verraten eine Kenntnis arabischer Handschriften, die über den Bereich der von Berthelot und Houdas zugänglich gemachten Abhandlungen weit hinausgeht. Von solcher Grundlage aus konnte Holmyard sehr wohl den Gedanken verfolgen, die arabischen Unterlagen der Geberschriften festzustellen oder sogar den Beweis zu versuchen, daß sie von Dschābir verfaßt wären. Berthelot hat nach Holmyard seine Behauptung, daß die *Summa* und die zu ihr gehörenden Schriften Fälschungen des 13. Jahrhunderts seien, viel zu hastig und mit unzulänglicher Begründung aufgestellt, „and it would not surprise me to find, that Geber and Abū Mūsā Jābir ibn Haiyān were, as for so many centuries they were held to be, one and the same"[3].

Den entschiedensten Vorstoß in dieser Richtung bedeutet die 1923 in den Proceedings der Royal Society of Medicine, Vol. XVI, p. 46—57 veröffentlichte Abhandlung *Jābir ibn Hayyān*. Als Einleitung gibt Holmyard eine Studie über Dschābirs Geburtsort und Lebenslauf, die sich auf die uns schon bekannten Quellen stützt. Den Hauptteil der Abhandlung bilden umfassende Nachweise über die heute noch in den Bibliotheken vorhandenen arabischen und lateinischen Dschābir-Handschriften, die durch Zitate und Titel aus den Schriften späterer Alchemisten ergänzt werden. Als Abschluß folgen Auszüge aus Handschriften, die für den hohen Stand von Dschābirs Wissen und Können zeugen.

---

[1] Chemiker-Ztg **47**, Nr. 45 (1923).

[2] *Arabic Chemistry*, Sci. Progress **17**, 252—261 (1922); *Arabic Chemistry*, Nature **110**, 573 (1922); *Chemistry in Mediaeval Islam*, Chemistry and Industry **1923**, 387ff.

[3] Nature **110**, 574.

Die Chemie kam über Alexandria zu den Muslimen. Chālid ibn Jazīd war der erste Mann von Rang, der sich mit dieser Wissenschaft befaßte und den christlichen Mönch Marianus zum Lehrer hatte. Dschābir war der Schüler und Freund des Imāms Dscha'far al Ṣādiq. Von diesem unterstützt und ermutigt, stellte er sich die Aufgabe, die Alchemie von dem Gestrüpp mystisch-magischer Zutaten zu befreien, die ihr von Alexandria her anhafteten. Dies gelang ihm in so hervorragender Weise, daß er mit Boyle, Priestley und Lavoisier in eine Linie gestellt werden kann. Er zeichnete sich aber nicht nur auf dem Feld der Chemie aus, sondern verfaßte auch medizinische, philosophische und mathematische Werke. Berthelot hat die Persönlichkeit Dschābirs viel zu niedrig eingeschätzt und ein ganz verkehrtes Bild von seinen Leistungen gegeben. Die Gründe, auf welche er die Behauptung stützt, daß Geber und Dschābir nicht identisch seien, sind unzulänglich, nicht vertrauenswürdig und nicht selten völlig unrichtig; das Studium von Dschābirs Werken führt zu einer ganz andern Beurteilung seiner geistigen Bedeutung.

Holmyards Kritik an Berthelot war insofern gewiß berechtigt, als die wenigen Proben von Dschābirs Schriften, auf die dieser sich stützte, nur ein unzureichendes Bild von dem Umfang und der Vielseitigkeit der wissenschaftlichen Tätigkeit gaben, die ihm die Überlieferung zuschrieb. Eine andere Frage war aber, ob man der arabischen Überlieferung so unbedingtes Vertrauen schenken durfte. An diesem Punkt setzen meine eigenen Arbeiten ein.

Mich hatte die Beschäftigung mit dem alchemistischen *Buch der Geheimnisse*, das den berühmten Arzt al Rāzī (ca. 850—923) zum Verfasser hat, zu Untersuchungen über die ältesten arabischen Alchemisten geführt[1]. Als Quelle für al Rāzīs chemisches Wissen schienen vor allem die Lehren Dschābirs in Frage zu kommen. So mußten die Nachrichten über sein Leben und seine Werke geprüft und die von Berthelot veröffentlichten Abhandlungen Dschābirs auf ihren Inhalt untersucht werden. Aus dem Studium der im *Fihrist* angeführten Titel von 267 alchemistischen Schriften[2] schienen sich zwei Tatsachen zu ergeben: erstens, daß Dschābir in engen persönlichen Beziehungen zu den Barmakiden und zu den führenden Männern der Schī'a[3] stand, und zweitens, daß seine Alchemie eine selbständige Leistung darstellt. Von den Listen seiner Werke erweist sich die zweite mit ihren unsinnigen Zahlenangaben über Hunderte von Werken zur Philosophie und Mystik, Technik und Kriegskunst, Magie und Medizin als dreiste Fälschung. Nimmt man aber an, daß die alchemistischen Titel echt sind, so rechtfertigen sie den Ruf Dschābirs als des Begründers der arabischen Alchemie und legen dem Historiker der Chemie die Pflicht auf, die unter dem

---

[1] *Al Rāzī (Rhases) als Chemiker.* Z. angew. Chem. **35**, 719ff. (1922).

[2] *Über das Schriftenverzeichnis des Ǵābir ibn Ḥajjān und die Unechtheit einiger ihm zugeschriebenen Abhandlungen.* Arch. Gesch. Med. **15**, 53—67 (1923).

[3] a. a. O., S. 55.

Namen Dschābirs laufenden Abhandlungen, auf die man zum Teil mit Recht absprechende Urteile über den Verfasser gegründet hat, auf ihre Echtheit zu prüfen[1].

Da Dschābir allgemein als Schüler des Dscha'far bezeichnet wird und in einem Teil der von Berthelot veröffentlichten Abhandlungen sich selbst fortwährend auf seinen Meister Dscha'far bezieht, so wird die Frage, ob dieser tatsächlich ein Meister der Chemie war, mit dem Dschābir auf vertrautestem Fuße lebte, zum Angelpunkt der ganzen Echtheitsfrage. So wenig der Kalif 'Alī ein Grammatiker oder Chemiker war, wie man später fabelte, so wenig kann es Dscha'far gewesen sein. Daß Dscha'far den Späteren als ein Hauptvertreter des Geheimwissens innerhalb der Schī'a gilt, erklärt hinreichend seine Verbindung mit Dschābir, macht aber auch jeden Text, der in aufdringlicher Weise die Namen Dscha'far und Dschābir zusammenbringt, verdächtig[2].

Drei von den bei Berthelot als Werke Dschābirs veröffentlichten Texten glaubte ich als Fälschungen erweisen zu können: das kleine *Buch der Barmherzigkeit*, das *Buch der Wagen* und das *Buch des Königtums*. Auf die Beweisgründe kann ich hier nicht näher eingehen; die Arbeit schließt mit dem Ergebnis, daß gegenüber allem, was uns in arabischen Handschriften als ein Werk Dschābirs entgegentritt, die größte Vorsicht geboten ist: „Alle wissenschaftlichen Texte von Autoren, die älter als 800 sind, haben den Verdacht der Fälschung gegen sich; die Echtheit der bei Berthelot abgedruckten Handschriften ist auch noch nicht für eine einzige einwandfrei erwiesen. Gleiches gilt von Texten, die Dschā'far oder Chālid ibn Jazīd zu Verfassern haben sollen. Solange nicht alle diese Texte herausgegeben, übersetzt und kritisch geprüft sind, ist ein abschließendes Urteil über die ältere arabische Chemie nicht möglich. Auch die Liste der Schriften Dschābirs ist nur mit Vorsicht zu gebrauchen und in ihrem letzten Abschnitt sicher apokryph. Sie enthält aber in ihren übrigen Titeln, soweit sie einen Schluß auf den Inhalt zulassen, nichts, was mit der Annahme unverträglich wäre, daß Dschābir unter den Barmakiden gelebt und experimentiert hat[3]."

Als eine Fortsetzung dieser kritischen Studie sind die beiden Abhandlungen über Chālid und Dscha'far zu betrachten, die ich 1924 in den Heidelberger Akten der von Portheim-Stiftung veröffentlicht habe[4]. Die erste Abhandlung räumt mit der Legende auf, die Chālid zum Träger der ersten wissenschaftlichen Bestrebungen der Muslime machen will. Die zweite sucht zu zeigen, wie der geschichtliche Imām Dscha'far im Lauf des 9. und 10. Jahrhunderts innerhalb

[1] a. a. O., S. 61. [2] a. a. O., S. 55, 56. [3] a. a. O., S. 63.

[4] Arbeiten aus dem Institut für Geschichte der Naturwissenschaft: *Arabische Alchemisten I. Chālid ibn Jazīd ibn Mu'āwija; Arabische Alchemisten II. Ǵa'far al Ṣādiq, der sechste Imām.*

der Schī'a zum Gegenstand der Legende und zum Träger aller Zauberei und Geheimwissenschaft geworden ist. Ich gebe die Sätze wieder, in denen aus den Untersuchungen über die dem Dscha'far zugeschriebene Literatur die Summe gezogen wird:

„Fassen wir das Ergebnis aller bisherigen Untersuchungen zusammen, so ist eines zweifellos festgestellt: daß der geschichtliche Ǵa'far mit der ganzen ihm zugeschriebenen Zauberliteratur nichts zu schaffen haben kann. Offenbar hat aber schon vom 9. Jahrhundert an die fromme Verehrung, die den Nachkommen 'Alī's entgegengebracht wurde, zunächst ein prophetisch und theologisch eingestelltes übermenschliches Wissen für die Imāme postuliert und folgerichtig eine Literatur erzeugt, die immer mehr Gebiete alter Zauber- und Vorbedeutungslehre in islamisierter Form in sich aufnahm.

Was aber für die Magie gilt, muß ohne weiteres auch von der Alchemie gesagt werden. Es ist völlig undenkbar, daß Ǵa'far al Ṣādiq praktisch oder theoretisch zu Medina mit der Kunst der Kīmijā in Berührung kam. Darauf war weder seine Umgebung eingestellt, noch seine Zeit vorbereitet. Wenn es noch denkbar wäre, daß der Omajjade Chālid ibn Jazīd in Alexandrien oder selbst in Damaskus mit griechischen Gelehrten Umgang hatte, die eine gewisse Kenntnis der alchemistischen Literatur besaßen, ja vielleicht noch chemische Versuche im geheimen anstellten, so fehlen dazu für Medina und die Umgebung Ǵa'fars alle Voraussetzungen. An diese frommen Leute konnte weder auf dem natürlichen Wege persönlichen Verkehrs noch auf dem übernatürlichen Wege geheimer Offenbarung eine Kunde von praktischer oder theoretischer Alchemie gelangen. Es ist ein Unding, sich vorzustellen, daß Ǵa'far irgendwann und wie mit chemischen Öfen und Schmelztiegeln, mit Kürbis, Alembik und Aludel, mit Schwefel und Quecksilber hantiert oder die Kunst der Metallverwandlung an Schüler wie Ǵābir weitergegeben hätte.

Mit dieser grundsätzlichen Entscheidung fallen alle Bemühungen der bisherigen Geschichtschreibung der Chemie, einen Zusammenhang zwischen Ǵābir ibn Ḥajjān und Ǵa'far al Ṣādiq glaubhaft zu machen, in sich zusammen. Wir werden alle Ǵābir-Schriften, die auf Ǵa'far al Ṣādiq als Meister und Lehrer Bezug nehmen, als Fälschungen späterer Zeit ansehen müssen. Ganz besonders aber müssen Schriften chemischen Inhalts, die den Imām selbst als Verfasser haben sollen, spätere Fälschungen sein. Es wird nur noch darauf ankommen, die Motive klarzulegen, die Bedingungen zu erkennen, die etwa vom Ende des 9. Jahrhunderts an dazu geführt haben, daß Ǵa'fars Name mit der Entwicklung der Alchemie und insbesondere mit Ǵābir in Verbindung gebracht wurde[1]."

---

[1] *Arabische Alchemisten II*, S. 40ff.

Eine Arbeit von Holmyard *The present position of the Geber Problem*[1] ist u. a. auch der Auseinandersetzung mit diesen Ergebnissen gewidmet. Die Möglichkeit der Fälschung von Dschābir-Schriften wird zugestanden, um so nachdrücklicher aber auf die Notwendigkeit eines gründlichen Studiums jener Werke hingewiesen, die offenbar authentisch sind. Den philologischen Gründen gegen die Annahme, daß die *Summa* aus dem Arabischen übersetzt sei, wird wenig Gewicht beigelegt. Bei dem großen Unterschied im Charakter des Lateinischen und Arabischen sei eine treue Übersetzung viel schwerer als eine freie Wiedergabe; man dürfe ein lateinisches Werk nicht gleich als Fälschung bezeichnen, wenn es keine wörtliche Übersetzung sei. Viel wichtiger sei die Übereinstimmung im Inhalt, doch sei noch ein ausgedehntes Studium des echten Dschābir erforderlich, bis entschieden werden könne, wie weit die lateinischen Geberschriften mit den arabischen zusammenhängen.

Dschābirs Leben ist nach Holmyard weit genauer bekannt, als es sonst die Lebensumstände von Gelehrten jener Zeit zu sein pflegen. Sicher war er ein Schüler Dscha'fars, wenigstens als Ṣūfī, aber es liegt kein Grund vor, zu zweifeln, daß dem Imām auch die Alchemie, mindestens in ihren theoretischen Grundlagen, geläufig war. Eine besonders wertvolle Bestätigung der Nachrichten des *Fihrist* sieht Holmyard in Aidamīr al Dschildakī's biographischen Angaben. Er schreibt ihm „an unrivalled knowledge of the chemists of Islam" zu — ich konnte darin meinerseits nur eine Umschreibung und Ausmalung der schon halb legendären Angaben im *Fihrist* erblicken[2].

So viel war klar: ein Ausgleich der Standpunkte oder ein Sieg der einen Ansicht über die andere konnte nur auf Grund neuer Quellenfunde erwartet werden. Ziele und Methoden waren zu verschieden. Im Mittelpunkt von Holmyards Interesse stand die Wiederherstellung des Rufes der *Summa* und ihre Rückführung auf arabische Quellen; auch bestand für ihn kein Zweifel, daß Dschābir in wissenschaftlichen Dingen ein Schüler des Imāms Dscha'far war. Mir erschien jede solche Abhängigkeit unglaubhaft, damit wurde aber die Frage nach den wahren Quellen von Dschābirs Wissen der Kern des Problems.

Auch darüber habe ich mich schon 1924 ausgesprochen[3]. Ich konnte die Antwort nur in der Richtung finden, daß Dschābir sein alchemistisches Wissen in seiner Heimat, in Chorāsān, erworben habe. „Mehr und mehr kommt der geschichtlichen Forschung die merkwürdige Vermittlerrolle zum Bewußtsein, die Zentralasien seit dem Alexanderzug zwischen der westlichen, östlichen und südlichen Menschheitskultur gespielt hat. Und mehr und mehr erkennt man, daß der

[1] Sci. Progress **19**, 415—426 (1925).

[2] Vgl. J. Ruska: *Ǧābir ibn Ḥajjān und seine Beziehungen zum Imām Ǧa'far aṣ-Ṣādiq.* Der Islam **16**, 264.

[3] *Über die Quellen von Ǧābirs chemischem Wissen.* Vortrag auf der Tagung der Deutschen Naturforscher und Ärzte in Innsbruck; abgedruckt im Arch. Storia Sci. **7**, 267—276 (1926).

Islam das große Sammelbecken aller geistigen Strömungen geworden ist, die sich von Osten und Westen und schließlich auch von Indien her in Zentralasien zu merkwürdigen religiösen und philosophischen Gebilden vereinigt haben. Nur das arabische Gewand, die Sprache und die Schriftzüge, die islamischen Floskeln und Redensarten haben bisher darüber hinweggetäuscht, daß fast alles, was wir ‚arabische' Wissenschaft nennen, und was wie aus dem Boden gestampft etwa zwischen 750 und 800 in Erscheinung tritt, nur Übersetzung oder mündliche Übertragung einer in Nord- und Ostpersien heimischen Weltbildung bedeutet, die von Syrern und Persern, fern von den großen politischen Umwälzungen, in der Stille geschaffen und durch die Jahrhunderte bewahrt worden ist[1]." Wie die Mystik in Chorāsān ihre Heimat hat, so kommen auch die ältesten arabischen Ärzte, Astrologen, Mathematiker zum überwiegenden Teil aus Nordostpersien — so muß auch die von Ägypten über Syrien nach Nordostpersien übertragene Alchemie dort neuen Zuwachs an Stoffen und neue theoretische Impulse erhalten haben[2].

Meine Untersuchungen zur Geschichte der *Tabula Smaragdina* drängten die mit Dschābir zusammenhängenden Fragen für eine Weile in den Hintergrund. Ich war aber durch Dr. M. Meyerhof in Kairo auch schon in den Besitz des arabischen Textes von Dschābirs *Buch der Siebzig* gelangt und konnte in der Festgabe für E. O. von Lippmann den ersten Bericht darüber veröffentlichen[3]. Gleichzeitig stellte mir Prof. Holmyard für die Festgabe einen Essay zur Verfügung, der das um die Persönlichkeit Dschābirs gebreitete Dunkel in überraschender Weise aufzuhellen schien[4]. Er konnte nicht nur eine Aufklärung über den Namen al Azdī geben, der Dschābir in manchen Handschriften beigelegt wird, sondern auch — auf Grund eines Fundes von H. E. Stapleton — wahrscheinlich machen, daß man in dem Drogisten Ḥajjān, der als politischer Agent der Schīʿa 721 hingerichtet wurde, den Vater Dschābirs zu sehen habe. Nichts lag näher, als daß der Sohn des politisch-religiösen Märtyrers bei den Führern der Schīʿa Unterstützung und persönliche Förderung fand, nichts war natürlicher, als daß der Imām Dschaʿfar zum Freund und Lehrer Dschābirs wurde. Nachweise neuer Stellen, in denen Dschābir sich auf seinen Meister Dschaʿfar bezog, schienen jeden weiteren Zweifel an der Überlieferung auszuschließen. Ich konnte aber bei aller Bereitwilligkeit, persönliche Beziehungen zwischen Dschaʿfar und Dschābir zuzugeben, ein irgendwie geartetes wissenschaftliches Lehrverhältnis zwischen beiden Männern auch jetzt nicht anerkennen. Dies kommt unzweideutig in den Schlußworten der vorhin erwähnten

---

[1] a. a. O., S. 270. [2] a. a. O., S. 274, 275.

[3] *Die siebzig Bücher des Ǵābir ibn Ḥajjān.* Studien zur Geschichte der Chemie, S. 38ff. Berlin 1927.

[4] E. J. Holmyard, *An Essay on Jābir ibn Ḥayyān.* Studien zur Geschichte der Chemie, S. 28ff.

Abhandlung[1] zum Ausdruck: „Soviel aber ist gewiß — diese Chemie kommt nicht von Ägypten durch die Syrer oder gar durch den Imām Dscha'far zu Dschābir, sondern sie ist ein bodenständiges Gewächs, aus langer Entwicklung und in wesentlichen Stücken ein Erzeugnis des von hellenischer Philosophie befruchteten iranischen Geistes. Nicht als ob damit gesagt sein sollte, daß die christlichen Syrer oder andere Bewohner des weiten Sasanidenreiches bedeutungslos gewesen wären. Aber diese neue Chemie, die unlösbar mit der Astrologie einerseits, der Medizin andererseits verknüpft ist, die als notwendiges Glied in eine großartige Anschauung vom Zusammenhang der oberen und unteren Dinge eingegliedert ist, haben sie meiner Überzeugung nach nicht hervorgebracht."

Das Studium des *Buchs der Siebzig* und des *Buchs der Gifte*, das mittlerweile im Berliner Forschungs-Institut durch Dr. Plessner und Dr. Kraus in Angriff genommen worden war, ergab neue Beweise für die außergewöhnliche Bedeutung Dschābirs auf dem Gesamtgebiet der arabischen Naturwissenschaften. So kamen die Vorträge zustande, die Dr. Plessner und ich 1928 auf dem Bonner Orientalistentag hielten[2], so auch die Aufsätze über Dschābir und Pseudo-Geber, die ich 1929 in G. Bugges *Buch der großen Chemiker* veröffentlichte[3]. Da sie leicht zugänglich sind, kann ich mir ersparen, sie ausführlich zu zitieren. Der Aufsatz über Dschābir gesteht seine Abhängigkeit vom Imām in theologischen Fragen zu, lehnt aber nach wie vor jede Beeinflussung in wissenschaftlichen Dingen ab. Das wichtigste Problem, der Ursprung von Dschābirs vielseitigem Wissen, ist nach wie vor ungeklärt: „Dunkel bleibt aber immer noch das für uns Wichtigste: der Studiengang Dschābirs. Mag die Neigung zur Naturwissenschaft vom Vater her vererbt sein, so sind wir doch ohne jeden positiven Anhaltspunkt in der Frage, wie sich der Jüngling und Mann jenes ausgebreitete Wissen und jene logische Schulung hat erwerben können. Ebenso schwierig ist die Antwort auf die Frage der sprachlichen Form. Kann Dschābir allein der Schöpfer der vollendeten wissenschaftlichen Terminologie sein? Wenn nicht, wer waren seine Vorgänger? Und nach welchen Vorbildern haben diese sich gebildet? Kommen wir hier nicht doch auf die sprachverwandten Syrer? Oder haben wir persische Vorlagen anzunehmen? Wohin wir sehen, Probleme über Probleme: oder sollten das nur philologische Nichtigkeiten sein?"[4]

---

[1] *Die Siebzig Bücher des Ǵābir ibn Ḥajjān*, S. 47.

[2] Mein Vortrag behandelte die Geschichte und den gegenwärtigen Stand des Dschābir-Problems. Er ist, von Prof. R. E. Oesper übersetzt und mit Anmerkungen versehen, unter dem Titel *The History and Present Status of the Jaber Problem* im J. Chem. Education **6**, 1266—1276 (1929), veröffentlicht worden. Dr. Plessners Vortrag über das *Buch der Siebzig* ist bisher nicht gedruckt erschienen.

[3] G. Bugge, *Das Buch der großen Chemiker*, S. 18—31 u. 60—69. Berlin 1929.

[4] a. a. O., S. 31.

Ein Fortschritt über diese Fragen und Zweifel hinaus zu neuen und tieferen Erkenntnissen konnte nur an der Hand neuer Texte erzielt werden. Den ersten Anstoß gaben die von Holmyard veröffentlichten Abhandlungen einer indischen Sammlung. Dazu kamen Handschriften des Instituts und andere, zu denen wir, wie schon oben S. 3 hervorgehoben wurde, durch das Entgegenkommen ihres Besitzers Zugang erhielten. Welche grundstürzenden Ergebnisse aus ihrer kritischen Untersuchung gewonnen wurden, wird Dr. P. Kraus im zweiten Teil dieses Berichtes darlegen. Mir selbst mag noch ein kurzes Schlußwort gestattet sein.

Die Geschichte des Dschābirproblems bestätigt auf jeder Seite die Sätze, die ich meiner Darstellung voranstellte. So wichtig das jeweils zugängliche Quellenmaterial auch ist, und so sehr die Fortschritte in der Erkenntnis der Zusammenhänge an die Quellen gebunden sind — entscheidend ist doch stets, was der Forscher aus den Quellen herausholt.

Der von mir schon 1923 erbrachte Nachweis, daß der größte Teil der Dschābirliteratur eine Fälschung späterer Jahrhunderte ist, hat durch die Entdeckungen von Prof. Schaeder und Dr. Kraus eine glänzende Bestätigung und bis zu den letzten Einzelheiten vordringende Begründung gefunden. Wäre es damals auch schon möglich gewesen, die alchemistischen Schriften als Erzeugnisse des 9./10. Jahrhunderts zu erkennen? Sicherlich nur dann, wenn man der im *Fihrist* beiläufig erwähnten Ansicht, daß Dschābir nie gelebt habe, mehr Gewicht hätte beilegen dürfen, als allen übrigen Nachrichten. Aber die mehr und mehr zugänglich werdenden Originalschriften schienen die Überlieferung zu bestätigen, daß Dschābir der Alchemist in die zweite Hälfte des 8. Jahrhunderts zu setzen sei, und so erwuchsen daraus mit Notwendigkeit die Fragen nach den Quellen seines Wissens.

Sie sind jetzt gegenstandslos geworden, soweit sie Dschābir betreffen. Sie werden aber als Fragen nach den Quellen der arabischen Wissenschaft immer wieder gestellt werden müssen, wenn in die dunklen Jahrhunderte Licht kommen soll, die zwischen dem Verfall der griechischen und dem Aufstrahlen der arabischen Wissenschaft liegen.

## Dschābir ibn Ḥajjān und die Isma'īlijja.

Von Paul Kraus.

### I. Die benützten Quellen.

Die Ausführungen von Prof. Ruska zeigen, daß auch die neuere Forschung das Dunkel, in das die Persönlichkeit und die Leistungen von Dschābir ibn Ḥajjān gehüllt sind, noch nicht hat lichten können. Zwei Ansichten stehen sich schroff gegenüber. Die von Prof. E. J. Holmyard verteidigte folgt im wesentlichen der arabischen Tradition, nach welcher Dschābir der Freund und Schüler des Imāms Dscha'far war. Sie bleibt uns die Erklärung schuldig, auf welchem Wege Dscha'far in den Besitz der umfassenden wissenschaftlichen Kenntnisse gelangen konnte, die uns bei Dschābir in Erstaunen setzen. Die andere, von Prof. Ruska vertretene, sieht die Beziehungen zwischen Dschābir und Dscha'far als eine in schī'itischen Kreisen des 9. oder 10. Jahrhunderts aufgebrachte Legende an, läßt aber Dschābir als Begründer der arabischen Alchemie gelten und sucht sein Wissen von der in Persien lebendig gebliebenen hellenistischen Überlieferung abzuleiten.

Die folgenden Darlegungen sollen das Dschābir-Problem einer erneuten Prüfung unterziehen. Der Untersuchung sind alle unter Dschābirs Namen gehenden Schriften zugrunde gelegt, die mir im Druck oder in Photographien und Abschriften zugänglich waren; es sind die folgenden:

1. Die von O. Houdas in M. Berthelot, *La Chimie au Moyen Âge*, Bd. III, 1893 veröffentlichten und übersetzten Abhandlungen.

2. Die von E. J. Holmyard nach einer indischen Lithographie von 1891 herausgegebenen elf Abhandlungen[1]. Sie gehören fast alle zu der im *Fihrist* an erster Stelle erwähnten Sammlung der 'Hundertzwölf Bücher'.

3. Die Sammlung der *Siebzig Bücher*, nach den von Dr. M. Meyerhof in Kairo und Prof. Dr. H. Ritter in Konstantinopel für das Forschungs-Institut besorgten Photographien und Abschriften.

[1] *The Arabic Works of Jābir ibn Ḥayyān, edited with translation into English and Critical Notes by* Eric John Holmyard, Vol. 1, part 1 (Arabic texts), Paris 1928. Vgl. *Jābir ibn Ḥayyān*, Proc. Roy. Soc. Med. **16**, 34 (1923).

4. Das *Buch vom Übergang aus der Potenz in die Aktion.*
5. Das *Buch der Gifte.*
6. Das *Buch der spezifischen Eigenschaften.*
7. Das *Buch der Richtigstellungen des Plato.*

Auch diese zum Teil sehr umfangreichen Schriften sind durch Dr. M. Meyerhof in modernen Abschriften für das Institut beschafft worden. Über die sonst noch benutzten Bücher und handschriftlichen Quellen ist von Fall zu Fall das Nötige mitgeteilt.

## II. Charakter der Dschābirschriften.

Der Eindruck, den man aus dem ersten Studium der Texte gewinnt, läßt sich dahin zusammenfassen, daß sie eine geschlossene Einheit bilden, d. h. von einem Verfasser oder mindestens von der gleichen Schule herrühren und innerhalb einer nicht allzu weiten Zeitspanne verfaßt sein müssen. Alle oben angeführten Schriften haben bestimmte stilistische und sprachliche Merkmale gemeinsam und beziehen sich inhaltlich aufeinander, auch wird in fast jeder von ihnen auf andere Schriften Dschābirs verwiesen. Man kann daher nicht eine einzelne Schrift aus diesem Corpus herausnehmen und als unecht erklären, ohne die Echtheit der ganzen Sammlung in Frage zu stellen.

Die Hauptmasse der obengenannten Schriften hat alchemistischen oder medizinischen Inhalt. Alchemistisch sind vor allem die 'Siebzig Bücher' und das 'Buch der Richtigstellungen des Plato'; aber auch für die Sammlung der 'Hundertzwölf Bücher', von denen Holmyards Ausgabe eine kleine Probe gibt, und für zahlreiche andere im *Fihrist* mit ihren Titeln angeführten Schriften ist das Gleiche vorauszusetzen[1]. Für die medizinische Durchbildung des Verfassers ist das 'Buch der Gifte' ein ebenso beredtes Zeugnis, wie für seine botanischen und zoologischen Kenntnisse. Neben diesen einheitlichen Schriften stehen solche mit bunterem Inhalt, wie das 'Buch der spezifischen Eigenschaften'. In diesem sind zahlreiche Kapitel der Aufzählung von spezifischen Eigenschaften der Dinge gewidmet. Man findet darin Heilmittel gegen Gifte, Schlaf- und Betäubungsmittel, Rezepte für Enthaarung und Tätowierung, Vorschriften über Herstellung von Farben, Tinten und Firnissen, zur Herstellung von künstlichen Edelsteinen, aber auch Anweisungen für magische Heilungen, Talismane, magische Quadrate und physikalische Versuche.

Es könnte danach scheinen, daß es dem Verfasser vor allem auf möglichst erschöpfende Mitteilung chemischer, medizinischer und technischer Einzelheiten ankäme. Aber das ist keineswegs der Fall. Es ist nicht möglich, den eigentlichen Charakter dieser Schriften zu erkennen, solange man nur ihren naturwissen-

[1] Vgl. J. Ruska: *Das Schriftenverzeichnis* usw., S. 55—61.

schaftlichen und technischen Inhalt ins Auge faßt. Dieser ist für die vorliegenden Probleme nicht ausschlaggebend, mindestens sind unsere bisherigen Kenntnisse der Geschichte der Naturwissenschaften innerhalb des Islam nicht groß genug, um aus diesem Material Schlüsse über seine Herkunft ziehen zu können.

Die Texte sind also viel mehr als alchemistische und technische Rezeptsammlungen. Alle naturwissenschaftlichen Einzelheiten werden in einen großen Zusammenhang hineingebaut, und nur von ihm aus bekommen sie ihren Sinn und ihre Berechtigung. Es handelt sich um philosophische Gedankengänge, die überall den eigentlichen Ausgangspunkt des Verfassers bilden und seine Stärke sind. Immer wieder betont er, daß die Handhabung der Technik, die Praxis der Wissenschaft (*'amal*) zu nichts führt, wenn man nicht auch der Theorie (*'ilm, qijās, burhān*) ihre Stelle einräumt.

Die philosophischen Erörterungen betreffen vor allen Dingen das Problem der Kausalität und den Begriff des Mīzān.

Dem Problem der Kausalität ist besonders das 'Buch vom Übergang aus der Potenz in die Aktion' gewidmet. Auch in anderen Schriften kommt Dschābir häufig auf dieses Thema zurück. In sehr selbständiger Weise wird das Verhältnis von Potenz zu Aktion und von Ursache zu Wirkung erläutert, die Stellung der Kausaltiät zum Zeitproblem dargetan, die Gültigkeit der Kausalität in den verschiedenen Teilen unserer Welt untersucht. Die Planetensphären haben aktiven Anteil am Weltgeschehen und vom einfachsten Urprinzip (*albasīṭ alawwal*) bis zur kompliziertesten Erscheinung gilt ein großes Weltgesetz. Der ganze Kosmos ist von dem Gesetz der Kausalität aus zu verstehen, die einzelnen Wissenschaften, wie Chemie, Medizin usw. sind nur seine praktische Anwendung und Ausdeutung.

Wichtiger und viel origineller sind die Ausführungen über den Begriff des Mīzān. Unter *mīzān* versteht Dschābir — ich fasse kurz die Ergebnisse einer eingehenderen Untersuchung zusammen — die Tatsache, daß die spezifischen Eigenschaften (*ḫawāṣṣ*) der Dinge, besonders im Bereich der Chemie, meßbar sind und auf zahlenmäßig feststellbaren Verhältnissen beruhen. Wenn z. B. durch Hinzutreten von Bleiglätte der Essig seinen sauren Geschmack verliert, so hatte der Essig ursprünglich eine bestimmte, durch Zahlen ausdrückbare Zusammensetzung, die durch das Hinzutreten von Bleiglätte, welche ebenfalls unter einem Zahlenbegriff vorgestellt werden kann, verändert wird. Das Auftreten der spezifischen Eigenschaft, in diesem Fall die Fähigkeit der Bleiglätte, den Essig zu verändern, ist also nicht zufällig, sondern von der inneren Beschaffenheit des Körpers abhängig, und diese willkürlich zu verändern ist Aufgabe des chemischen Verfahrens (*tadbīr*). Haben die spezifischen Eigenschaften eine mathematische Begründung, so hat auch das Verfahren seine Berechtigung und seine Richtigkeit ist — nach Dschābir — erwiesen.

Auf diese Weise wird das Prinzip der Meßbarkeit der Körper (*mīzān*) zur mathematischen Gesetzmäßigkeit der Dinge im Kosmos. Sie gibt die rationale Ordnung der Dinge, ihre Harmonie an. Einerseits tritt sie in jedem, auch dem kleinsten Ding in Erscheinung, andererseits ist sie der große, abstrakte Begriff unserer Welt. Mīzān ist das Sinnbild der Weltordnung. Vorausgesetzt, daß es nur eine mathematische Begründung der spezifischen Eigenschaften geben kann, daß sie in sich eindeutig und nicht bald so, bald so gefaßt wird, kurz, daß es nur eine Art von Mīzān, nur ein oberstes Weltprinzip gibt.

Der Verfasser weiß sich hier im Gegensatz zu bestimmten islamischen Gruppen, die die Existenz von spezifischen Eigenschaften an den Dingen und damit die Berechtigung jeder wissenschaftlichen Betrachtungsweise leugnen. Andererseits hat er in seiner Apologie der Wissenschaft zugleich Leute im Auge, die zwei Prinzipien annehmen. Im Rahmen der zehn aristotelischen Kategorien sucht er sie zu widerlegen und zu beweisen, daß es nur ein Weltgesetz, nur einen Mīzān geben kann.

Dabei lehnt er sich in seiner Ausdrucksweise an die Lehren der Mu'taziliten an, jener islamischen Richtung, die auf religiösem Gebiet sich die Aufgabe gestellt hatte, die Angriffslust der dualistischen, gnostischen Sekten, besonders der Manichäer abzuwehren. Er bezeichnet die Gegner mit dem sonst nur aus der religiösen Diskussion bekannten Terminus *ṯanawijja*, d. h. Dualisten, sein eigenes Prinzip, die Einheit seiner Weltanschauung, seinen wissenschaftlichen Monismus, mit dem religiösen Terminus *tauḥīd* = Einheit Gottes; den Mīzān, das mathematische Weltgesetz, benennt er mit dem Ausdruck *'adl*, der, ebenfalls von den Mu'taziliten geprägt, die Gerechtigkeit Gottes bedeutet, von Dschābir aber in der Bedeutung 'Harmonie der Welt' gebraucht wird. Religiösen Inhalt haben diese Worte nur noch insoweit, als sie auch bei Dschābir metaphysische Größen darstellen. Von ihrer ursprünglichen Bedeutung innerhalb der islamischen Dogmatik ist nichts mehr erhalten.

Wir stehen hier an einem zentralen Punkt von Dschābirs System. In allen Kapiteln seiner Bücher wird auf die Lehre vom Mīzān Bezug genommen, zahlreiche Werke sind unter dem Namen 'Bücher der Zahlverhältnisse' (*kutub almawāzīn*) zusammengefaßt[1]. Wenn auch die naturwissenschaftlichen Daten, die Angaben über Stoffe, Apparate und Verfahren für den modernen Historiker der Naturwissenschaften im Vordergrund des Interesses stehen, so sind für den Verfasser der Dschābir-Schriften sicherlich seine philosophischen Überlegungen und Gedankengänge die treibende Kraft gewesen.

[1] Pseudo-Madschrīṭī, ein spanischer Schriftsteller des 11. Jahrhunderts, der mit den Schriften Dschābirs sehr wohl vertraut ist, hebt Dschābirs Lehre vom Mīzān ganz besonders hervor: keiner der Früheren habe dergleichen gelehrt, und nach ihm sei leider seine Lehre in Vergessenheit geraten.

Aber nicht die einzige. Ein weiteres wichtiges Moment bilden die religiösen Anschauungen des Verfassers. In fast allen Schriften kehrt, wenn Dschābir seiner Lehre Nachdruck verleihen will, der Ausdruck wieder: „bei der Wahrhaftigkeit meines Meisters", „bei meinem Meister und bei meinem Schöpfer und Erhalter". Manchmal heißt es noch genauer: „bei meinem Meister Dscha'far ibn Muhammad". Der Meister ist der bekannte sechste Imām der Schī'iten. Ihm verdankt Dschābir sein ganzes Wissen, ihm widmet er seine Bücher, von ihm empfängt er Ratschläge und Ermahnungen, mit ihm führt er Gespräche: „Ruhm und Preis und Dank meinem Meister; durch ihn weiß ich, was ich weiß, und erreichte ich, was ich erreichte". Was die Schriften an wissenschaftlichen Lehren enthalten, ist nicht mehr und nicht weniger als das Wissen, das Muhammed, 'Alī und Dschābirs Meister Dscha'far al Ṣādiq besaßen: „Ich habe keine andere Aufgabe, als ihre Lehren in Worte zu fassen." Als Beweis werden Qorānzitate in alchemistischem Sinn gedeutet und dem 'Alī Predigten über alchemistische Themen zugeschrieben. Dabei beansprucht andererseits der Verfasser auch für sich die höchste Geltung: aus Erbarmen gibt er das göttliche Wissen, die Wunder (*ājāt, mu'ǵizāt*) seiner Verfahrungsweisen den Menschen kund und ermahnt den Leser, den Bruder, das Geheimnis ja nicht an Unwürdige zu verraten. Umfangreiche Stücke seiner Schriften sind in einer eigenartigen religiösen Sprache abgefaßt, und den Höhepunkt der Darstellung bilden die Stellen, wo Dschābir von seinem Meister, dem gegenwärtigen, sichtbaren Imām, auf jenen Imām übergeht, der in Kürze erscheinen wird.

Ich fasse das Ergebnis kurz zusammen: Sind die Schriften Dschābirs echt, so müssen wir viele Momente der Islamgeschichte mit anderen Augen betrachten. Dschābir ist dann der eigentliche Vermittler griechischer Wissenschaft an die Araber gewesen. Er steht am Anfang der islamischen Geistesgeschichte als eine Persönlichkeit von größter Originalität und Selbständigkeit, von umfassender Kenntnis der griechischen Literatur. Er ist es, der lange vor den großen Übersetzern des 9. Jahrhunderts die wissenschaftliche Sprache der Araber geschaffen hat. Er stellt einen islamischen Gelehrtentypus dar, wie er für eine so frühe Zeit bisher noch nicht bezeugt ist. Er behandelt nicht nur einzelne naturwissenschaftliche Fragen, wie man es für das 8. Jahrhundert vielleicht erwarten könnte, sondern stellt sein Wissen von der Natur in ein völlig ausgeglichenes und innerlich gefestigtes Gebäude von philosophischen Lehren. Und auf dem Gebiet der islamischen Theologie — um ganz von der schī'itischen Seite seiner Lehre zu schweigen — setzt er die mu'tazilitischen Lehren zu einer Zeit als selbstverständlich und allgemein bekannt voraus, wo sie nach bisheriger Anschauung noch kaum ausgebildet waren. In diesen und vielen anderen Punkten hätten wir also umzulernen, wenn die Dschābir-Schriften echt sind, d. h. der zweiten Hälfte des 8. Jahrhunderts angehören. Aber es läßt sich erweisen, daß das ganze Corpus aus viel späterer Zeit stammt.

## III. Beweise für die späte Abfassungszeit einzelner Dschābirschriften.

Schon zu Beginn seiner Dschābir-Forschungen hatte Prof. Ruska den Nachweis geführt, daß mindestens zwei von den durch Berthelot-Houdas herausgegebenen Abhandlungen, das *Kitāb alrahma* und das *Kitāb almawāzīn*, Fälschungen, d. h. Schriften einer späteren Zeit sind[1]. Wesentlich weiter führte ihn seine Abhandlung über Dscha'far, indem er der Entwicklung der Legende nachging, die den Imām nicht nur zu einem Heiligen, sondern zum Träger aller Art von Geheimwissen und schließlich auch zum Verfasser alchemistischer Schriften machte[2]. Den gefälschten chemischen Schriften Dschābirs wird nun auch das von Berthelot nach der Leidener Handschrift 440 veröffentlichte *Kitāb almalik* zugerechnet[3]. Die schon früher abgelehnte summarische Liste von Dschābirs Werken im *Fihrist* des Ibn al Nadīm spiegelt nur wider, was man zu der Zeit, als man Ǵa'far und Ǵābir mehr und mehr Geheimwissen andichtete und auf ihren Namen Schriften fälschte, für glaubhaft hielt oder glaubhaft machen zu können hoffte[4]. Die Echtheit der chemischen Liste schien durch die Entdeckung des arabischen Textes der *Siebzig Bücher* und durch das *Buch der Gifte* bestätigt zu werden und für die Beziehungen Dschābirs zu den Führern der Schī'a glaubte E. J. Holmyard neue Beweise gefunden zu haben. So waren die Untersuchungen ins Stocken geraten, bis die von Holmyard 1928 herausgegebenen Texte mit ihrem ebenso unerhörten wie schwer verständlichen Inhalt neue Bemühungen um das Verständnis Dschābirs auslösten.

Ich habe Herrn Prof. H. H. Schaeder an dieser Stelle meinen Dank dafür auszusprechen, daß ich bei meinem Aufenthalt in Königsberg die Dschābir-Frage in weitestem Umfang mit ihm besprechen durfte. Dadurch, daß er die erste Abhandlung aus der von Holmyard veröffentlichten Schriftensammlung, das *Kitāb albajān*, als isma'īlitische Lehrschrift erkannte und ihren Inhalt bis in die letzten Feinheiten der Terminologie analysierte, wurde der Weg eröffnet, der zur Lösung des Dschābir-Problems führen mußte. Je mehr Schriften auf ihren islamgeschichtlichen Hintergrund und ihre Terminologie untersucht wurden, desto klarer mußten auch Zeit und Umstände ihrer Abfassung hervortreten.

Allerdings wäre es nicht möglich gewesen, die Unechtheit des ganzen Dschābir-Corpus zu beweisen und positiv zu erfahren, was die Schriften wirklich darstellen, wenn ich nicht durch die Güte und Bereitwilligkeit von Herrn Husain F. Hamdani Gelegenheit gefunden hätte, eine ganze Reihe von Schriften der Isma'īliten näher kennenzulernen. Es handelt sich zum größten Teil

[1] J. Ruska, *Über das Schriftenverzeichnis* usw., S. 61; vgl. oben S. 14.
[2] J. Ruska, *Arabische Alchemisten II*, S. 23—41; vgl. oben S. 15.
[3] a. a. O., S. 49.
[4] a. a. O., S. 47.

um Schriften, die, in der frühen Fatimidenzeit verfaßt, noch heute bei den Isma'īliten als Lehrbücher verwendet werden. Viele von ihnen sind in Europa noch unbekannt, andere werden unter den isma'īlitischen Handschriften der Sammlungen Griffini und Ivanov genannt und sind von L. Massignon in seinem *Esquisse d'une Bibliographie des Carmathes*[1] verzeichnet worden. An ihrer Echtheit und ihrem Alter zu zweifeln, besteht kein Grund, da sie in vielen alten Schriften der gleichen Sammlung häufig zitiert werden. Ich hoffe, in anderem Zusammenhang auf diese Dinge zurückkommen zu können.

Bevor ich aber die Abhängigkeit der Dschābir-Literatur vom Gedankenkreis der Isma'īlijja näher begründe und die Entstehung des ganzen Corpus nach Zeit und Umständen festlege, möchte ich zeigen, wie sich noch auf einem ganz anderen Wege, nämlich durch Beobachtungen auf dem Gebiet der wissenschaftlichen Terminologie, nachweisen läßt, daß gewisse Schriften, die Dschābir ibn Ḥajjān zum Verfasser haben sollen, nicht von einem Zeitgenossen des Imāms Dscha'far herrühren können.

In dem *Buch vom Übergang aus der Potenz in die Aktion*, dessen 'Echtheit' abgesehen von inneren Gründen durch Anführung seines Titels im *Buch der spezifischen Eigenschaften* und im *Buch vom Stein* (Holmyard, a. a. O. S. 23) gewährleistet ist, handelt Dschābir über die Heilkunst und ihre Grundlagen, insbesondere auch über die Anatomie des Auges. Nun wissen wir durch die Untersuchungen von Prüfer und Meyerhof über die Geschichte der Augenheilkunde aufs genaueste Bescheid[2] und können bis in die Einzelheiten verfolgen, wie die griechischen Bezeichnungen der Teile des Auges in die arabische Fachsprache übergegangen und durch arabische Bezeichnungen ersetzt worden sind. Das älteste, von dem christlichen Arzt Jūḥannā b. Māsawaih verfaßte Lehrbuch der Augenheilkunde kennt nur vier Augenhäute und drei Feuchtigkeiten. Der Verfasser gibt die griechischen Ausdrücke in genauer Umschrift und übersetzt das für die Augenhäute gebräuchliche Wort χιτών durch *ḥiǧāb*, Vorhang, den Ausdruck für die Linse, τὸ κρυσταλλοειδὲς ὑγρόν, mit *alruṭūba albaradijja*, die hagelkornähnliche Feuchtigkeit[3].

Ḥunain ibn Isḥāq schließt sich in seinen zwischen 860 und 870 verfaßten *Zehn Abhandlungen* an Galen an und zählt 7 Augenhäute, die er *ṭabaqāt*, d. i. Schichten nennt. Es kommen als neu hinzu der σκληρὸς χ., die harte Augenhaut, arab. *alṭabaqa alṣulba*, die Ibn Māsawaih mit der Hornhaut zusammenfaßt, der χοριοειδής χ. oder die Aderhaut, arab. *alṭabaqa almašīmijja*, und der

[1] Enthalten in: A Volume of Oriental Studies, presented to E. G. Browne. Cambridge 1922.

[2] Vgl. besonders C. Prüfer und M. Meyerhof: *Die Augenheilkunde des Jūḥannā b. Māsawaih (777—857 n. Chr.)*, Der Islam **6**, 217ff (1916), und M. Meyerhof, *The Book of the ten Treatises on the Eye ascribed to Ḥunain ibn Is-ḥāq (809—877 A. D.)*, Cairo 1928.

[3] Vgl. Prüfer-Meyerhof, a. a. O., S. 224.

ἀραχνοειδής χ., die Spinnwebenhaut, arab. *alṭabaqa alʿankabūtijja*[1]. Für den ἐπιπεφυκώς χ., die Bindehaut, hat Ḥunain den Ausdruck *alṭabaqa almultaḥima* geprägt, während Ibn Māsawaih nur die Umschrift des griechischen Namens anführt; die Linse nennt Ḥunain *alruṭūba alǵalīdijja*, d. i. die eisartige Feuchtigkeit. Da nun auch Dschābir 7 Augenhäute kennt und durchweg die von Ḥunain geschaffene Terminologie anwendet, muß die Abfassungszeit für das *Buch vom Übergang aus der Potenz in die Aktion* später als 860 liegen, es sei denn, man wollte die unmögliche Annahme machen, daß Ḥunain seine Terminologie dem Buch des Dschābir entnommen habe[2].

## IV. Geschichte und Lehrsystem der Ismaʿīlijja.

Die Sekte der Ismaʿīlijja hat ihren Namen von Ismaʿīl, der für sie als Sohn des sechsten schīʿitischen Imāms Dschaʿfar der echte Siebente Imām ist. Hervorgegangen ist die Ismaʿilijja aus der die ganze islamische Welt revolutionierenden Bewegung der Qarmaten. Von der Mitte des 9. bis ins 12. Jahrhundert arbeiten diese an der politischen und sozialen Umwälzung der bestehenden Ordnung. Die bisherigen Religionen sollen durch eine neue auf philosophischer Grundlage ersetzt werden. Die Dogmen und Vorschriften des Islams werden mittels allgorischer Interpretation hinweggedeutet, um Vernunftlehren Platz zu machen. Dem Islam eigenartige Riten sollen aufgehoben werden und an ihre Stelle kommunistische Lehren treten, die durch besondere Weihen abgestuft sind.

Politisch wendet sich die Bewegung gegen den abbasidischen Staat. Sie scheint in Mesopotamien ihren Anfang genommen zu haben, schlägt aber bald nach Chorāsān, Syrien, Arabien, Jemen und Marokko über. Überall treten rührige Missionare der neuen Lehre auf und finden zahlreiche Anhänger. Die bedeutendsten Köpfe des damaligen Islam, wie der Arzt al Rāzī, der andalusische Philosoph Ibn Masarra und der Mystiker al Hallāǵ stehen in tatsächlicher oder geistiger Verbindung mit ihr.

Nachdem der abbasidische Staat die ersten Angriffe der Qarmaten in Mesopotamien hatte niederwerfen können, mußte er es geschehen lassen, daß in Afrika

---

[1] Man bezeichnete damit die vordere Wand der Linsenkapsel.

[2] Es ist zu erwarten, daß ein in alle Einzelheiten des Stoffes eindringendes Studium der Dschābir-Schriften noch weitere Belege für die Abhängigkeit des Verfassers von der wissenschaftlichen Literatur des 9. Jahrhunderts zutage fördern wird. Die meiste Aussicht auf Erfolg besteht da, wo der Zusammenhang mit den griechischen Autoren, wie im vorliegenden Falle, durch die Form der Überlieferung gewährleistet ist. Neben der Medizin und der Arzneimittellehre — im Giftbuch — versprechen Textstücke mit philosophischem oder astronomischem und mathematischem Inhalt die beste Ausbeute. Wie weit es gelingen wird, auch die alchemistischen Lehrstücke rückwärts zu verfolgen, ist noch nicht abzusehen, da die Quellen in einer Weise verschüttet und unkenntlich gemacht sind, wie dies bei keiner anderen auf hellenistischer Überlieferung ruhenden Wissenschaft der Fall zu sein scheint. J. R.

die Bewegung eine geschlossene Form annahm. ʿUbaidallāh gründete von qarmatisch-ismaʿīlitischen Gedanken aus den Fatimidenstaat (907—1171), der seit der Mitte des 10. Jahrhunderts sein Schwergewicht nach Ägypten verlegte. Im weiteren Verlauf sagten sich die Fatimiden zwar von den alten Qarmaten los, betrieben aber ihrerseits politisch-religiöse Agitation in allen Teilen der islamischen Welt. In Persien und Indien schufen sich die Ismaʿīliten Geheimzentren, die auf das islamische Geistesleben ebenso befruchtend wie zersetzend einwirkten. Mit dem Niedergang des Fatimidenstaates zerfällt die Organisation und es bilden sich verschiedene kleinere Sekten, unter denen die Drusen und die Assassinen eine besondere Stellung einnehmen. Aber auch die Erben der Ismaʿīlijja der Fatimidenzeit erhielten sich trotz dauernder Verfolgung und bilden heute in Indien, Afghanistan, Turkestan, Jemen und Afrika größere Gemeinden.

Wie die alten Qarmaten, so blieb auch die Ismaʿīlijja bis in die jüngste Zeit eine Geheimsekte, und nur wenige ihrer Schriften sind nach Europa gelangt. Das meiste, was wir über sie wissen, müssen wir der Polemik sunnitischer Schriftsteller entnehmen. Nur wenige Werke waren für die Öffentlichkeit bestimmt und unter diesen ist das wichtigste die Enzyklopädie der Lauteren Brüder, über die weiter unten noch gehandelt werden wird.

Die wichtigsten Punkte des dogmatischen Systems der Ismaʿīlijja sind die folgenden: Gott ist in unerreichbare Ferne gerückt und wirkt in der Welt nur durch seine Attribute. Seine eigentliche Entsprechung in ihr ist der Weltgeist, die Weltvernunft, die das schaffende und formende Prinzip darstellt. Aus diesem geht die Weltseele und mit ihr die Materie hervor; auf sie folgen in der Reihe der fünf Urprinzipien die Zeit und der Raum.

Ein Abbild dieser kosmischen Hierarchie ist die Hierarchie im Weltgeschehen. In dem großen Rahmen der ismaʿīlitischen Geschichtsphilosophie ist die Lehre von den sieben Imāmen, von ʿAlī bis Ismaʿīl, dem Sohn des Dschaʿfar, gewissermaßen nur eine Episode. Die ganze Weltgeschichte ist in Perioden eingeteilt, zu deren Beginn immer ein neuer Prophet (*Nāṭiq*, d. i. Sprecher) auftritt, der das göttliche Wissen in reinerer, entwickelterer Form zu lehren imstande ist. Adam, Noah, Abraham, Moses, Jesus, Muhammed und Ismaʿīl bzw. sein Sohn Muḥammad, der mit ihm eine Person bildet, sind solche Sprecher. Sie verkörpern in sich den Weltintellekt und haben jeder einen Begleiter, der die Weltseele darstellt. Dieser ist der *ʾAsās*, das Fundament oder der Grundstein. Für Moses z. B. war dies Aaron, für Jesus war es der Apostel Petrus, für Muhammed sein Schwiegersohn ʿAlī. Jedem dieser Propheten folgen sieben Imāme, die in den nachfolgenden Generationen seine Lehre verbreiten. Nach ihrem Ablauf erscheint wieder ein neuer Sprecher, der die alte Religion annulliert und durch die neu verkündete ersetzt. Manchmal, besonders in Zeiten der Not, sind die Imāme verborgen und nur den ihnen nahestehenden Personen bekannt. Diese gehen in die Welt und missionieren im Namen ihres Imāms. Ein solcher

Missionar heißt *Dāʿī* (Missionar), *Bāb* (Pforte), *Ḥuǧǧa* (Beweis) usw., je nach der Stufe, die er bei der Einweihung in das göttliche Wissen erreicht hat.

Die Einweihung erfolgt in sieben oder neun Graden, deren Inhalt genau festgelegt ist. Zuerst wird der Adept durch geheimnisvolle Reden erregt und durch Verpflichtungen an den Missionar gebunden. Dann erfolgt die Loslösung von religiösen und kultischen Vorurteilen, das langsame Einführen in die philosophischen Lehren, in die spekulative und allegorische Methode. Diese neuplatonischen Anschauungen und die auf ihnen fundierten Wissenschaften, insbesondere Astrologie, Alchemie, Talismankunde und Zahlenspekulation, werden nach und nach dem Schüler beigebracht. Die neuen sozialen Lehren werden ihm als der wahre Islam dargestellt und jeder Muhammedaner, der diese Lehren nicht teilt, als Ketzer gebrandmarkt. Auf einer höheren Stufe übernimmt dann der Schüler selbst die Aufgabe, diese Lehren zu verbreiten und die Menschen auf das Erscheinen des endgültigen Erlösers und Trägers des wahren Wissens, des Mahdī, vorzubereiten. Dabei ist es ihm untersagt, an einen Unwürdigen und Uneingeweihten das Geheimnis preiszugeben, denn Verrat am Geheimnis ist die größte ismaʿīlitische Sünde, sie ist dem Ehebruch gleichzusetzen.

## V. Religionsgeschichtliche Analyse der Dschābir-Schriften.

Ich wende mich nach diesen Darlegungen über die Ursprünge und das Lehrsystem der Ismaʿīliten nun wieder den Dschābir-Schriften zu.

Einer der von Holmyard herausgegebenen Texte, das *Buch vom Stein*[1], ist alchemistischen Zahlenspekulationen gewidmet. Es werden darin Anschauungen von verschiedenen alten Autoren angeführt, nach denen das Elixir je unter einer der Zahlen 1—10 symbolisch vorgestellt werden kann. Dabei wird in spätgriechisch-gnostischer Weise die Bedeutung der einzelnen Zahlen erläutert. Von der Zahl Sieben heißt es in diesem Zusammenhang S. 23:

„Er (d. h. Zosimos) äußerte sich auch über das Siebenerprinzip (*sabāʿijja*), doch kommt ihm dieser Ausspruch nicht ausschließlich zu, sondern darin stimmen alle philosophierenden Astrologen überein, daß die sieben Planeten die Angelegenheiten des ganzen Kosmos leiten. — Ebenso spricht auch die Religion von ihm (dem Siebenerprinzip) in ihrer Lehre von den sieben Imāmen. Die Wahrheit darüber ist, daß einem jeden von ihnen Anhänger (*lawāḥiq*), Edle (*nuqabā'*), Angesehene (*nuǧabā'*), Cherubim (*karūbijjūn*), Gläubige (*mu'minūn*), Gefolgsleute (*tawālī*), Sprecher (*nuṭaqā'*), Ergebene (*muṭlaqūn*) und andere Personen dieser Art auf dem Wege der Mühen und des Dienstes und als zur Leitung (*tadbīr*) und politischen Führung (*sijāsa*) notwendige Werkzeuge folgen. Daher werden auch sieben Klimata gezählt und die Religion (*šarʿ*) lehrt sieben Erden und sieben Himmel. In dem *Buch des Übergangs von der Potenz in die Aktion*

---

[1] Holmyard, *The Arabic Works of Jābir ibn Hayyān*, S. 15 ff.

haben wir (auch) dargelegt, daß das (regelmäßige) Siebeneck die Figur des Feuers ist und daß es für die Figur des Feuers keinen Beweis gibt[1]. Dies wollten wir damit sagen, merke es dir!"

Der isma'īlitische Charakter der Stelle ist offenkundig. Wie oben dargelegt wurde, ist die Lehre von den sieben Imāmen ein Hauptbestandteil der isma'īlitischen Dogmatik. Wo der Historiker Maqrīzī beschreibt, wie der Missionar den Schüler von der Richtigkeit dieser Behauptung überzeugt, spricht er auch von der Zusammenstellung der Siebenheit der Imāme mit anderen Siebenheiten im Kosmos: „Le nombre . . . des imams est fixé à sept; et pour prouver cela, on lui rappelle que Dieu ne crée rien au hasard . . . Pourquoi, ajoute-t-on, s'il en était autrement, Dieu a-t-il fixé à sept le nombre des planètes, par lesquelles ce monde est gouverné? Pourquoi a-t-il créé sept cieux, sept terres, et autres choses semblables?"[2]

Die kosmischen Zahlen sind nichts anderes als Symbole für die sieben Imāme. Und wenn jedem von ihnen, wie wir gesehen haben, eine Reihe von Begleitern zugeordnet wird, so stellen diese wohl die verschiedenen Rangstufen der isma'īlitischen Missionare dar. Bei den späteren Isma'īliten haben zwar diese Grade andere Namen, aber die hier verwendeten Ausdrücke sind fast alle als religiöse Termini der Sekte bekannt.

Im gleichen Rahmen spricht der Verfasser über die kosmische Fünfheit. Porphyrius und Empedokles[3] werden als ihre Vertreter genannt und letzterem besonders der Ausspruch in den Mund gelegt: „Die ursprünglichen Elemente, welche die Grundlage für jede neue Schöpfung bilden, sind fünf an Zahl: die erste edle Substanz (*alǵauhar alawwal alšarīf*), der Stoff (*hajūlā*, d. i. ὕλη), die Form (*ṣūra*), die Zeit (*zamān*), der Raum (*makān*)."

Zugleich aber wird die Überlieferung, die solche Sätze den genannten Autoren zuschreibt, abgelehnt: „Unter den Aussprüchen der Philosophen findet sich dieses (Fünferprinzip) auf nichts angewendet. Es ist vielmehr eine Sache, die sich auf eine Gattung bezieht, welche mit religiösen Dingen eng verknüpft ist." Nur andeutungsweise wagt es Dschābir über dieses Geheimnis zu sprechen. Die Predigt des 'Alī, die oben[4] erwähnt wurde und von fünf Stoffen zur Herstellung des Elixirs handelt, beweist, daß nur religiöse Autoritäten befugt sind, diese Anschauung zu vertreten.

'Alī selbst, der Ahn des Meisters Dscha'far, ist der Besitzer des wahren Wissens. Aber er hat es erst vom Propheten Muhammed empfangen. In den drei Büchern *Usṭuquss al'ass*[5], mit denen Dschābirs 'Hundertzwölf Bücher' be-

---

[1] Der Verfasser meint damit die Unmöglichkeit der exakten Konstruktion eines regelmäßigen Siebenecks.

[2] Nach S. de Sacy, *Exposé de la Religion des Druzes*, Vol. 1, p. CXIII.

[3] Zu Pseudo-Empedokles vgl. Asin Palacios, *Aben Masarra*, S. 40 ff.

[4] Siehe S. 27. [5] Holmyard, a. a. O., S. 62 ff.

ginnen, wird jedesmal auf andere Art der Name der Schriften erklärt: nach den Ansichten der Philosophen, denen der Theologen und denen der zünftigen Alchemisten. Die Worte bedeuten das 'Element (στοιχεῖον) des Fundaments', das Grundelement, und werden von den „Philosophen" auch in diesem Sinn, mit jeweils verschiedenem Inhalt, verstanden. In der zweiten, die theologischen Erklärungen zusammenfassenden Abhandlung wird *usṭuquss al'ass* als „göttliche Offenbarung" (*ilhām, waḥj*) gedeutet. Und einmal heißt es ausdrücklich (S. 82, Z. 11): „Das Wissen, über das wir sprechen, ist dem Propheten eigen; das ist *usṭuquss* (im Sinn von Offenbarungswissen, wie es vorher hieß). Der Prophet (Muhammed) aber lehrte es den *Waṣijj*, (d. h. den mit dem göttlichen Wissen Ausgestatteten) und dieser ist der *'Ass*". *Usṭuquss al'ass* bedeutet also das prophetische Wissen, zu dessen Träger der *'Ass* gemacht wurde. *'Ass* oder *'Asās* oder *Sūs* ist aber der isma'īlitische Name für 'Alī und ebenso kommt ihm nur in der Isma'īlijja die Bezeichnung *Waṣijj* zu.

Der Verfasser der Dschābir-Schriften kennt also offensichtlich die isma'īlitischen Lehren und verwendet sie in seinem Sinne. Dies gilt auch für die nur in Andeutungen erhaltene Lehre von der Metempsychose (*tanāsuḫ*), von den Emanationen und endlich bezüglich der allegorischen Deutung (*ta'wīl*)[1]. Die Kunst, die heiligen Texte mit wissenschaftlichen Lehren in Ausgleich zu bringen und sie, falls nötig, vollkommen ihres ursprünglichen Sinnes zu berauben, ist ein besonderes Merkmal der Isma'īlijja. Im gleichen Sinn kommt aber der *ta'wīl* bei Dschābir vor. Es ist schon *ta'wīl*, wenn Dschābir religiöse Begriffe, wie *'adl* (göttliche Gerechtigkeit) und *tauḥīd* (Gotteinheit) philosophischen Gebilden gleichsetzt, um sie in sein System einzubauen, und wenn er Qorānverse alchemistisch umdeutet. Ein besonderes Beispiel dieser Art von Interpretation ist aber eine Stelle im *Buch vom Übergang von der Potenz* usw., wo er um seiner Lehre von der West-Ost-Bewegung der Planetensphären willen einen Qorānvers (Sure 2, v. 260) vollkommen aus den Angeln hebt und ihm eine vom ursprünglichen Sinn völlig abweichende Deutung aufzwingt. Nicht Nimrod spricht mit Abraham, wie gewöhnlich erklärt wird, sondern der allgewaltige Beherrscher der Gläubigen 'Alī ist es, der die Macht hat, die Sonne vom Westen nach Osten sich bewegen zu lassen. Das sind Lehren, die nur der Eingeweihte, der durch verschiedene Grade (*daraǧāt*) emporgestiegen ist, begreifen kann. Nur der Anhänger des *Maḏhab mīm wa-'ain*[2] hat hier Zutritt.

Solche ganz religiöse Stellen kommen in den Dschābir-Schriften verhältnismäßig selten vor. Aber auch die alchemistische Theorie ist mit religiösen und speziell isma'ilitischen Gedanken unterbaut. Eines der Hauptmerkmale,

---

[1] Siehe bei Holmyard, a. a. O. S. 81 den *ta'wīl* einer Qorānstelle.

[2] Der Ausdruck *maḏhab* (Richtung) des Mīm und 'Ain ist offenbar ein Geheimname für die Isma'īlijja. Mīm und 'Ain sind die Anfangsbuchstaben der Namen Muhammed und 'Alī.

in dem sich die alchemistische Lehre des Dschābir von anderen unterscheidet, ist die Einführung der Begriffe 'Inneres' (*bāṭin*) und 'Äußeres' (*ẓāhir*). Wenn z.B. der gewöhnlichen Ansicht nach irgend ein Stoff bezüglich der Zusammensetzung der Qualitäten warm-trocken ist, so sagt Dschābir, dies ist nur seine äußere Erscheinung; innerlich (*bāṭinan*) muß er, um eine geschlossene Einheit der vier Qualitäten zu bilden, in entsprechendem Verhältnis die beiden anderen enthalten, also kalt-feucht sein. Diese Lehre bildet die Grundlage der Dschābirschen Theorie, nur nach ihr lassen sich die Stoffe auf Zahlbegriffe zurückführen und sind dem Gesetz der Meßbarkeit (*mīzān*), von dem oben die Rede war, unterworfen.

Die Terminologie ist auffällig. Denn die beiden Ausdrücke *bāṭin* und *ẓāhir* spielen auch in der isma'īlitischen Doktrin eine große Rolle. Der wahre Gläubige darf sich nicht mit dem äußeren Wortlaut der heiligen Texte und religiösen Vorschriften begnügen. Sie haben einen inneren Sinn, zu dem man nur durch geheimes Wissen vordringen kann. Deswegen heißen die Isma'iliten auch Bāṭiniten, d. h. Vertreter des inneren Wesensgehaltes, im Gegensatz zu den Ẓāhiriten, die am äußeren Wortlaut haften. Es ist zum mindesten wahrscheinlich, daß diese Lehren die Konzeption Dschābirs von der innern Beschaffenheit der Körper beeinflußt haben.

Die Parallelen gehen aber noch weiter: Dschābir verwendet, wenn er alchemistische Beziehungen von Stoffen zueinander erläutern will, häufig Analogien aus dem religiösen Leben. Umgekehrt werden in isma'ilitischen theologischen Schriften, wenn religiöse Dinge erklärt werden sollen, Analogien aus der Alchemie gebracht, und zwar aus einer Alchemie, die bis in die Einzelheiten mit den Lehren Dschābirs übereinstimmt. So bezeichnet Dschābir des öfteren den Stein der Weisen, das Elixir, mit dem religiösen Terminus Imām. Er unterscheidet drei Arten von Welten: den Makrokosmos (*'ālam kabīr*), den Mikrokosmos (*'ālam ṣaġīr*), d. h. den Menschen, und jenen Kosmos, der durch den Imām, d. h. das Elixir zur Vollendung gelangt. Er meint damit die Welt der vier Elemente, die, unvollkommen in ihrer Art, durch das Elixir erst aneinander gebunden und in harmonischer Form vereinigt werden. Die Aufgabe der Alchemie, die Herstellung des Steines der Weisen, ist schon vor der Schöpfung von Gott gestellt und die Idee des Elixirs besteht von Ewigkeit her[1].

Ihre Erklärung erfahren diese Lehren erst aus einer Stelle in dem *Buch der Beleuchtungen des Imāmats* von Ahmad Ḥamīd aldīn al Kirmānī, einem Zeitgenossen des Fatimidenkalifen al Ḥākim (996—1020). Dort unterscheidet der Verfasser ebenfalls drei Welten: den Makrokosmos, der durch die Engel zusammengehalten wird, den Mikrokosmos, die Welt des Menschen, die durch die Individualseele geeint wird, und endlich die Welt der Religion, deren Vollendung der Imām darstellt. Es ist offenbar: in der isma'īlitischen Schrift ist die Lehre vom

[1] Vgl. Holmyard, a. a. O. S. 62; Berthelot, a. a. O. S. 149.

dritten Kosmos an ihrer ursprünglichen Stelle. Im Bereich der religiösen Spekulation war es möglich, den Imām als denjenigen zu bezeichnen, der den neuen Aion herbeiführt und vollendet. Der Verfasser der Dschābir-Schriften aber sah sich, indem er den Stein der Weisen mit dem Namen Imām belegte, gezwungen, den dem Imām zugehörigen Kosmos auch in die Alchemie hineinzukonstruieren.

Sehr bedeutsam ist in diesem Zusammenhang eine Stelle im *Kitāb almalik*[1]. Nachdem Dschābir zuerst das Elixir als Imām bezeichnet hat, fährt er in eigenartiger Doppeldeutigkeit fort: „Bei Gott und bei meinem Meister — Gottes Segen über ihn — ich habe dies in keinem meiner Bücher dargetan, außer in meinem alleinstehenden Buch, das ich Buch der Maßverhältnisse (*mawāzīn*) nannte. Dort habe ich dessen Erwähnung getan, aber niemand wird je darauf verfallen oder es erfassen. Und auch wer durch das Verfahren dazu gelangt ist, und ihn durch Schau erkannt hat, weiß nicht, daß ich auf ihn abziele, es sei denn durch ein einziges Wort. Durch dieses Wort kann vielleicht der, der ihn erschaut und zu ihm gelangt ist, ihn erkennen! Das besagt mein Ausspruch: Außer daß Gott dir gewähre, den Imām zu schauen! — Wer aber nicht zu ihm gelangt, für den ist kein Weg offen zur Erkenntnis dessen, was ich dort[2] vorgebracht habe. Hier habe ich es, bei meinem Meister Dscha'far ibn Muḥammad al Ṣādiq deutlich und offenbar, ohne Andeutung, Rätsel und Vergleich mit anderem dargelegt, wie es die Weisen und ich selbst in anderen Büchern zu tun pflegten. Ich habe dies getan, damit mein Meister weiß, daß ich nicht geize und karge und nicht andeute. Vielleicht befreit er mich aus dem Schmutz dieser Welt."

Die Ausführungen beziehen sich nur mehr zum Teil auf das *Imām* genannte Elixir. Die Ausdrücke Schau, Erkennen, zu Ihm Gelangen, können nur auf den religiösen Imām gehen. Besonders charakteristisch ist der Satz: „Gewähre dir Gott, den Imām zu schauen". Der Begriff des Schauens des Imāms gehört nach Massignon eng zusammen mit dem der Verborgenheit des Imāms: „Les chefs (de l'oligarchie iranienne) inventent cet étonnant subterfuge politico-théologique de l'absence (*ghaiba*) de l'Imam, invisible pour tous, sauf pour un seul, le *wakīl*, qui le voit (*ro'yat al-Imām*) et dicte ces ordres à tous[3]." — Die Lehre von dem Verborgenen Imām ist erst nach dem Verschwinden des zwölften Imāms aufgekommen, konnte also nicht von einem im 8. Jahrhundert lebenden Autor verwendet werden, der sich als Schüler des sechsten Imāms bezeichnet.

Ich teile noch eine Stelle mit, in der Dschābir ausdrücklich von dem „erwarteten Erlöser" spricht. Sie steht im *Buch der Evidenz* (*Kitāb albajān*)[4],

---

[1] Berthelot, a. a. O. S. 94; vgl. auch J. Ruska: *Arab. Alchemisten* II, S. 51.

[2] Im Buch der Maßverhältnisse. [3] *La Passion d'al-Hallaj* 1, 159.

[4] Die Schrift steht zu Beginn der von Holmyard herausgegebenen Texte. Sie ordnet sich ganz in den Rahmen der Dschābir-Schriften ein, stimmt mit ihnen in stilistischen Einzelheiten überein und wird im *Fihrist* des Ibn al Nadīm als die 7. Abhandlung der Hundertzwölf Bücher angeführt.

dessen Verständnis mir Prof. Schaeder erschlossen hat. Die Darlegung steigt von der sinnlich faßbaren zur geistigen Evidenz empor und geht mit einem Male zur „edlen Substanz", d. h. zum höchsten Wesen über, dem ebenfalls der Name Evidenz (*bajān*) auf einer höheren Stufe als den früheren beigelegt wird. Dann fährt der Verfasser fort:

„Wisse, es ist noch eine Art von Bajān übriggeblieben; der ist in (dieser) Welt des Entstehens und Vergehens zeitlich geschaffen um der Leitung willen[1]. Unter all den (vorhergenannten) Arten von Bajān gleicht er am meisten diesem edelsten, göttlichen Bajān, denn er wird in der gleichen Weise wie jener definiert und von der Aktion des gleichen Agens geht er aus. Da er jedoch das Kleid dieser Welt angetan hat, erscheint er nicht mit jenem Wesensgehalt, sondern mit dem Wesensgehalt, der dieser Welt und ihren Bewohnern entspricht. Er ist das irdische Hamza und daher bewegt (vokalisiert), nicht das ruhende (vokallose) Alif[2]. Denn das vokallose Alif ist der Schweigende, das vokalisierte Hamza dagegen setzt den Anfang für jedes Ding, verfaßt die Schriften[3], schafft die Künste und subtilen Wissenschaften und handhabt die politisch-religiöse Leitung, durch die alles der Erlösung teilhaftig wird."

Dschābir fährt fort: „Merke dir dies, damit du nicht strauchelst und der 'Wiederholung'[4] verfällst, mein Bruder. Denn wer diesen Ehrwürdigen in Wahrheit erkennt, wer mit seiner Schau beglückt wurde und zwischen seinen Geboten und Verboten zu unterscheiden weiß, der verfällt nicht der 'Wiederholung'. Doch nicht jeder, der ihn sieht, erreicht diese Stufe, denn es sehen ihn auch solche, die den *masḫ*, und solche, die den *rasḫ*[5] und die 'Wiederholung'

[1] Hier wird der Imām bzw. der *Nāṭiq* (siehe unten) mit dem Namen *Bajān* (Evidenz) bezeichnet.

[2] Das stumme Alif ist hier das Sinnbild des stummen Imāms (*ṣāmit*, siehe oben S. 31), der nur die Lehre des Nāṭiq, dem er zugehört, wiedergeben darf. Das vokalisierte Alif (= das mit Hamza versehene) ist das Sinnbild des Nāṭiq, des Sprechers, der Neues verkündet. Der von Dschābir erwartete Erlöser ist also ein Nāṭiq!

[3] Das Amt des Nāṭiq besteht darin, daß er den bisherigen in den alten heiligen Schriften niedergelegten Offenbarungen eine neue hinzufügt. Ein jeder Nāṭiq verfaßt Schriften, und der erwartete Nāṭiq ist in besonderem Sinn Verfasser von Schriften über Künste (Techniken, wie die Alchemie) und Wissenschaften. Historisch gesehen, ist die Offenbarung in der Wissenschaft eben der Inhalt der neuen Religion, die die Qarmaten in die Welt setzen wollen. Wenn in isma'īlitischen Texten von der Verbreitung der Wissenschaften die Rede ist, so wird sie gerade den Imāmen um die Wende des 9. Jahrhunderts zugeschrieben.

[4] Die Wiederholung (*takrīr*) ist eigentlich ein alchemistischer Terminus, der hier in der Bedeutung von Seelenwanderung (*tanāsuḫ*) verwendet wird. In der Alchemie bedeutet er die Wiederholung des Reinigungsprozesses, durch den aus einem unreinen Stoff eine edle Substanz hergestellt wird. Derartige Verwendung von alchemistischen Ausdrücken kommt in der Schrift noch öfter vor. So wird weiter unten die Strafe der Seelenwanderung *taklīs*, d. h. Kalzination, genannt.

[5] *Masḫ* und *rasḫ*, und außerdem noch *nasḫ* und *fasḫ* sind die vier Stufen der Seelenwanderung.

und ähnliches (als Strafe) verdienen. Keiner, der so beschaffen ist, vermag zu wissen, und sollte er auch die Schriften des *Nāṭiq* gelesen haben. Deswegen heißt es im Qorān: ‚Solches führen wir in die Herzen der Sünder, die nicht daran glauben', bis sie die schmerzliche Strafe sehen, bis sie ihre ganze, schmerzbereitende Strafe in Empfang nehmen und dadurch rein werden und ans Ziel gelangen. Dann werden ihre Naturen gereinigt und ihre dunkeln Bestandteile geläutert durch die lange Strafe, die genau so ist, als würde man Metalle kalzinieren. Merke dir dies.

Diese Person, mein Bruder, erscheint jedoch nur zur Zeit der Konjunktionen, die die Umwälzungen herbeiführen, wenn die Wissenschaften ins Exil gewandert, die Religionen zugrunde gegangen sind und die Verderbnis allgemein ist. Da läßt sie allgemeines Heil in Erscheinung treten. Die erste Heilstat, die von ihr ausgeht, ist das Verfassen von Schriften über die geheimen Wissenschaften (*al'ulūm albāṭina*), die im Exile waren, und ihre deutliche Erklärung. Dann wird sie aufstehen mit dem Schwerte und damit unter denen, die nicht Personen der Majestät sind, jene Menschen erneuern, die durch die Wissenschaften noch nicht erneuert sind. Denn diese Leute sind wie die Krätze und wie das Unreine in den Organen und ähnliches. Für diesen Ehrwürdigen aber sind die alten Grabkammern und Schätze bereitgestellt. Er wird in der nächsten Zeit bei einer Konjunktion im Schützen in Erscheinung treten. Merke es dir."

Wir haben schon früher gehört, daß die Sprecher, d. h. die Stifter der neuen Religionen, zur Zeit von Konjunktionen in der Welt erscheinen. Hier wird genauer gesagt, daß der von Dschābir erwartete Nāṭiq erscheint, während im Zeichen des Schützen eine Konjunktion stattfindet. Nun haben sich islamische Astrologen seit der Mitte des 9. Jahrhunderts mit der Berechnung des Endes der Araberherrschaft befaßt, insbesondere aber bestimmten die Qarmaten als Datum für den Beginn einer neuen Ära die Konjunktion des Jupiter und Saturn im Schützen[1]. Es kann kaum bezweifelt werden, daß der Autor eben diesen Zeitpunkt meint. Die erwartete Konjunktion fand im Jahre 928 statt, und so wird man durch dieses Datum auf die Annahme geführt, daß das *Kitāb albajān* zu Beginn des 10. Jahrhunderts, nicht lange vor Eintritt der Konjunktion geschrieben worden ist.

## VI. Gesamtergebnis.

Aus terminologischen Beobachtungen ergab sich, daß die Dschābir-Schriften nicht vor 860 verfaßt sein können. In das Ende des 9. oder den Anfang des 10. Jahrhunderts weisen auch die religionsgeschichtlichen Daten. Seinem islamischen Bekenntnis nach ist der Verfasser Anhänger der Sekte der

[1] Vgl. M. de Goeje: *Les Carmathes du Bahrein et les Fatimides*, 2. ed., S. 123. Ich verdanke diesen Hinweis Herrn S. Pines in Berlin.

Isma'īlijja, deren Doktrin in der zweiten Hälfte des 9. Jahrhunderts festgelegt wurde. Die historische Orientierung bestätigt diese Ergebnisse und erlaubt, sie noch genauer zu fassen.

Oben wurde festgestellt, daß der Verfasser der Dschābir-Schriften jedenfalls vor 987, dem Erscheinungsjahr des *Fihrist*, gelebt haben muß. Es gibt aber noch einen älteren Zeugen seiner schriftstellerischen Tätigkeit als Ibn al Nadīm. Etwa um 950 schrieb Ibn Waḥschijja[1] die sogenannte *Nabatäische Landwirtschaft* und andere Bücher, in denen er aus antiarabischen Tendenzen heraus die wissenschaftlichen Lehren seiner angeblichen Ahnen, der Nabatäer, ins Arabische zu übersetzen vorgab. In Wirklichkeit handelt es sich um hellenistische Wissenschaft, deren Kenntnis Ibn Waḥschijja zum Teil den arabischen Übersetzern des 9. Jahrhunderts verdankte und die er sich in seiner Art zu eigen machte. In seinem *Giftbuch* nun und im *Schatz der Weisheit* (*kanz alḥikma*) nennt und benützt Ibn Waḥschijja unter anderen Autoren auch den Dschābir ibn Ḥajjān. Von dem wahren Verfasser ist ihm nichts bekannt und er gibt nur ungern zu, daß Dschābir, trotzdem er ein Araber war, doch ein bedeutender Gelehrter gewesen ist[2].

Den zentralen Punkt von Dschābirs religiös-politischer Agitation — denn als solche sind die bezüglichen Stellen im Dschābir-Corpus anzusprechen — bildet seine Lehre vom Imām. Dieser ist aber nach dem zuletzt mitgeteilten Stück genauer ein Naṭiq, der Gründer einer neuen Religion, wie es die früheren Propheten waren. Ein solcher Nāṭiq erscheint nur einmal in vielen Jahrhunderten und der Nāṭiq der Zeit Dschābirs ist kein anderer als der erste Faṭimide 'Ubaidallāh al Mahdī billāh. Auf ihn scheint auch sonst noch in den Schriften angespielt zu werden, und damit ist eine wahrscheinliche Datierung für das ganze Corpus gewonnen. Im Jahre 907 ist nach langjähriger Wühlarbeit der Faṭimidenstaat gegründet worden. Dschābir mag also kurz vor und nach diesem Datum geschrieben haben.

Der Titel seiner Propagandaschrift *Kitāb albajān*[3] verdient noch genauere Beachtung. Nach Massignon[4] erschien im Jahre 902 ein qarmatisches *Kitāb albajān*, welches „annonçait la venue imminente du Mahdī". Als sein Verfasser wird ein Mann namens Ġijāṯ, sicher ein Pseudonym, angegeben. Es soll nicht behauptet werden, daß die beiden Schriften identisch seien. Aber auffällig ist

---

[1] Zu Ibn Waḥschijja siehe zuletzt M. Plessner: Z. Semitistik **1928**, 27ff. — Er ist im *Fihrist* des Ibn al Nadīm genannt und wird dort in der Aufzählung der arabischen Alchemisten hinter al Rāzī gestellt. Daß er erst nach dem Tode al Rāzīs geschrieben hat, ergibt sich klar aus einer Stelle im *kanz alḥikma*. Al Rāzī starb 923 oder 930, und damit fällt Ibn Waḥschijja in die Mitte des 10. Jahrhunderts.

[2] Der Verfasser der Dschābir-Schriften rückt also vor Ibn Waḥschijja und wird damit zum Zeitgenossen des großen Arztes und Alchemisten al Rāzī. Das Verhältnis zwischen beiden zu klären, wird eine der wichtigsten Aufgaben der nächsten Zukunft sein.

[3] S. oben S. 36ff. [4] A. a. O., Vol. I, S. 78.

bei gleicher Tendenz der gleiche Titel, der in der Schrift des Dschābir einen besonderen Sinn dadurch erhält, daß der Mahdī selbst den Namen al Bajān (die Evidenz) trägt. Eine literarische Beziehung zwischen den beiden Abhandlungen ist zum mindesten wahrscheinlich.

Wer war nun der wirkliche Verfasser der Dschābir-Schriften? Zweifellos haben wir es mit einer bedeutenden Persönlichkeit zu tun. In den wissenschaftlichen Teilen der Schriften tritt uns eine große Originalität entgegen, so sehr auch die Abhängigkeit von Vorgängern festgestellt werden muß. Der Nachwelt galt Dschābir als der Alchemist κατ' ἐξοχήν, und im europäischen Mittelalter zierte sein Name viele ihm zugeschriebene alchemistische Schriften.

Dem entspricht auch seine Bedeutung innerhalb der qarmatischen Bewegung. Ibn al Nadīm berichtet, daß zu seiner Zeit die Schī'iten den Dschābir des 8. Jahrhunderts als *Bāb* oder *Ḥuǵǵa* bezeichneten, d. h. als eine Person, die dem Imām sehr nahe steht. Wahrscheinlich traf dies beim wahren Verfasser der Dschābir-Schriften zu. Er gehörte zu denen, die das vom Imām empfangene Wissen weitergaben und war einer der wenigen, die den Verborgenen Imām wirklich gesehen haben („daß Gott dich beglücke, den Imām zu schauen!"). Wir können ohne große Bedenken sagen, er war ein hervorragender Dā'ī der frühen Isma'īlijja. Vielleicht lichtet sich eines Tages das Dunkel noch weiter, in das bis jetzt seine Gestalt gehüllt war[1].

Warum aber nennt der Verfasser nicht seinen Namen und schreibt seine Lehren einem Schüler und Freund des Imāms Dscha'far zu?

Es ist nicht schwer, darauf die Antwort zu geben. Dscha'far al Ṣādiq ist für die Isma'īliten als Vater ihres speziellen Imāms Isma'īl der wichtigste Heilige und Gewährsmann. Fast auf jeder Seite der mir zur Verfügung stehenden isma'īlitischen Handschriften wird er genannt. Begegnungen mit den großen Rechtslehrern Abū Ḥanīfa und Mālik ibn Anas werden erdichtet, um ihre Lehren durch den Imām ad absurdum zu führen. Von ihm wird das Dogma des Imāmats in langen Vorträgen an seine Umgebung entwickelt, und nicht zuletzt gilt er als der Verfasser von Büchern über die Geheimwissenschaften. In der späteren Literatur tritt er häufig sogar als Alchemist auf. Der von Prof. Ruska herausgegebene, angeblich von Dscha'far stammende alchemistische Traktat[2] will in der Zeit des Fatimidenkalifen al Ḥākim gefunden sein, trägt also seine isma'īlitische Herkunft an der Stirn geschrieben.

Es ist möglich, daß es im 8. Jahrhundert wirklich einen Alchemisten Dschābir ibn Ḥajjān gegeben hat. Aber alles, was wir über sein Leben wissen

[1] Aus sprachlichen und sachlichen Beobachtungen ergibt sich, daß der Verfasser nur im Osten gelebt haben kann. Der alte Dschābir ibn Ḥajjān soll in Kufa und Bagdad gewirkt haben. Möglicherweise ist das ein Hinweis auf den Wohnort des eigentlichen Verfassers.

[2] J., Ruska, *Arabische Alchemisten II. Ǵa'far al Ṣādiq, der sechste Imām.* Heidelberg 1924, S. 52—64,, 67—125.

und was bei späteren arabischen Autoren erzählt wird, ist unserem Dschābir-Corpus entnommen und daher ohne Beweiskraft. Nicht umsonst erwähnt der *Fihrist* die Meinung, ein Dschābir habe niemals gelebt. Wenn Stapleton und Holmyard in einem frühen arabischen Historiker Nachrichten über den Dāʿī Ḥajjān gefunden haben, so ist damit noch nicht die Geschichtlichkeit eines Dschābir erwiesen. Auf alle Fälle ist der Zusammenhang zwischen Dschābir und dem Imām Dschaʿfar, wie schon Prof. Ruska gesehen hat, erst vom Verfasser zurecht gemacht.

Daß die Schriften aus viel späterer Zeit stammen, als man bisher angenommen hat, und nur aus dieser Zeit wirklich historisch verständlich werden, tut ihrer Bedeutung keinen Abbruch. Ihre Wirkung in der Folgezeit war eine sehr große. Unter anderem hat Pseudo-Madschrīṭī in seinem Buch *Ġājat alḥakīm* große Partien aus Schriften Dschābirs entnommen[1]. Dieses Werk erlangte in lateinischer Übersetzung unter dem Namen *Picatrix* in Europa große Bedeutung und so kamen Dschābir-Schriften außer durch Übersetzungen auch indirekt nach dem Westen.

In der ismaʿīlitischen Literatur steht das Dschābir-Corpus nicht allein da. Im Laufe des 10. Jahrhunderts entsteht eine Reihe von Werken, die ähnlich wie die Dschābir-Schriften in enzyklopädischer Form das Wissen ihrer Zeit zusammenzufassen suchen und der Aufklärung dienen. Sie sind fast alle mit der Ismaʿīlijja in engem Zusammenhang oder wenigstens von ihr beeinflußt. Die wichtigste Enzyklopädie dieser Art sind die Abhandlungen der Lauteren Brüder (*Iḫwān alṣafā*). Dieses Sammelwerk, etwa um 960 verfaßt, ist, wie Goldziher erkannt hat, sicher ismaʿilitischer Herkunft. In 51 Kapiteln werden die wissenschaftlichen und philosophischen Lehren eines fiktiven Geheimbundes, der „Lauteren Brüder von Baṣra", der wahrscheinlich in Wirklichkeit die ismaʿīlitische Organisation ist[2], dargelegt. An ganz unerwarteten Stellen geht nun, genau, wie in den Dschābir-Schriften, die Darstellung in religiöse Ausführungen und ismaʿīlitische Propaganda über. Auch hier sind Wissenschaft und Philosophie nur die Hüllen, um die Prinzipien der Sekte zu verkünden. Die Ismaʿīlijja hat die Abhandlungen der Iḫwān al Ṣafā zu ihrem Grundbuch gemacht und die Ansicht vertreten, sie seien von dem Imām Aḥmad, der zur Zeit al Maʾmūns lebte, verfaßt[3]. Im gleichen Sinn werden die Lehren der Dschābir-Schriften auf den Imām Dschaʿfar zurückgeführt.

Die Tendenz ist also beide Male die gleiche. Aber ebenso bemerkenswert wie die gemeinsamen Züge sind auch die Unterschiede. Die Abhandlungen der Iḫwān al Ṣafā sind in einem völlig ausgeglichenen Stil geschrieben, einfach und verständlich für jeden, eindringlich und dem Zweck, dem sie dienen sollen,

[1] Hinweis von Dr. M. Plessner.
[2] Herr Hamdani wird über dieses Thema eine größere Arbeit veröffentlichen.
[3] Darüber wird Herr Hamdani ausführlich handeln.

der populären Aufklärung, angemessen. Trotz ihrer Eigenart tritt ihr oder treten ihre Verfasser völlig in den Hintergrund.

Nicht so bei den Dschābir-Schriften. Der Stil ist oft unbeholfen und schwierig, manchmal vielleicht auch absichtlich geheimtuend. Der persönliche Charakter des Verfassers drängt sich immer auf, und es ist zu erkennen, daß er in erster Linie Alchemist und Mediziner ist. So sehr er auch die anderen Disziplinen in den Kreis seiner Betrachtung einbezieht, ist er ihnen doch nicht gewachsen. Die Alchemie und Medizin dagegen behandelt er so gründlich, daß er an den ungebildeten Leser viel zu große Anforderungen stellt. Es ist daher nicht zu verwundern, wenn in der ismaʿīlitischen Agitation die Dschābir-Schriften zurücktraten und durch die Abhandlungen der Iḫwān al Ṣafā ersetzt wurden. Möglicherweise wurde diese auch dadurch bedingt, daß die späteren Ismaʿīliten des Fatimidenstaates sich vollkommen von der alten qarmatischen Bewegung lossagten. Die Tatsache aber steht fest: Die Dschābir-Schriften sind Vorläufer der Abhandlungen der lauteren Brüder.

MIX
Papier aus verantwortungsvollen Quellen
Paper from responsible sources
FSC® C105338

FSC
www.fsc.org

If you have any concerns about our products,
you can contact us on
**ProductSafety@springernature.com**

In case Publisher is established outside the EU,
the EU authorized representative is:
**Springer Nature Customer Service Center GmbH**
**Europaplatz 3, 69115 Heidelberg, Germany**

Printed by Libri Plureos GmbH
in Hamburg, Germany